R. Bliesener · F. Ebel · C. Löffler u.a.

Speicherprogrammierbare Steuerungen

FESTO

Springer

Berlin
Heidelberg
New York
Barcelona
Budapest
Hongkong
London
Mailand
Paris
Santa Clara
Singapur
Tokio

R. Bliesener · F. Ebel · C. Löffler u.a.

Speicherprogrammierbare Steuerungen

Grundstufe

Springer

FESTO DIDACTIC KG
Ruiter Straße 82
73734 Esslingen

Die Deutsche Bibliothek - CIP-Einheitsaufnahme
Speicherprogrammierbare Steuerungen: Grundstufe
[Festo Didactic KG]. R. Bliesener...
Berlin; Heidelberg; New York; Barcelona; Budapest; Hongkong;
London; Mailand; Paris; Santa Clara; Singapur; Tokio: Springer, 1997
ISBN-13:978-3-540-62090-7   e-ISBN-13:978-3-642-60678-6
DOI: 10.1007/978-3-642-60678-6

ISBN-13:978-3-540-62090-7

Die Wiedergabe von Gebrauchsnamen, Handelsnamen, Warenbezeichnungen usw. in diesem Buch berech-
tigt auch ohne besondere Kennzeichnung nicht zu der Annahme, daß solche Namen im Sinne der
Warenzeichen- und Markenschutz-Gesetzgebung als frei zu betrachten wären und daher von jedermann
benutzt werden dürften.

Sollte in diesem Werk direkt oder indirekt auf Gesetze, Vorschriften oder Richtlinien (z.B. DIN, VDI, VDE)
Bezug genommen oder aus ihnen zitiert worden sein, so kann der Verlag keine Gewähr für die Richtigkeit,
Vollständigkeit oder Aktualität übernehmen. Es empfiehlt sich, gegebenenfalls für die eigenen Arbeiten die
vollständigen Vorschriften oder Richtlinien in der jeweils gültigen Fassung hinzuzuziehen.

Einband-Entwurf: Struve & Partner, Heidelberg
Satz: Digitale Druckvorlage vom Autor
SPIN: 10561260   68 /3020 - Gedruckt auf säurefreiem Papier

Vorwort

Die Speicherprogrammierbare Steuerung ist ein zentraler Faktor in der industriellen Automatisierung. Eine flexible Anpassung an variierende Prozeßabläufe sowie eine schnelle Fehlersuche und Fehlerbeseitigung wird durch ihren Einsatz möglich.

Das vorliegende Lehrbuch erläutert den Aufbau der Speicherprogrammierbaren Steuerung und ihr Zusammenwirken mit der Peripherie.

Ein Schwerpunkt des Lehrbuchs liegt in der Behandlung der neuen internationalen Norm zur SPS Programmierung, der IEC-1131, Teil 3. Diese Norm trägt den Erweiterungen und Entwicklungen Rechnung, für die es bisher keine genormten Sprachelemente gab.

Diese neue Norm soll das Ziel erreichen, den Aufbau, die Funktionalität und die Programmierung einer SPS so zu vereinheitlichen, daß Anwender einfach mit unterschiedlichen Systemen arbeiten können.

Jede Leserin und jeder Leser dieses Buches ist eingeladen, mit Tips, Kritik und Anregungen zur Verbesserung des Buches beizutragen.

Februar 1995   Die Verfasser

Inhaltsverzeichnis

Kapitel 1   Die SPS in der Automatisierungstechnik B-1

1.1   Einführung B-2

1.2   Einsatzgebiete der SPS B-2

1.3   Grundaufbau der SPS B-5

1.4   Die neue SPS-Norm IEC 1131 . . . . B-8

Kapitel 2   Grundlagen B-11

2.1   Das dezimale Zahlensystem B-12

2.2   Das binäre Zahlensystem B-12

2.3   Der BCD - Code B-14

2.4   Das hexadezimale Zahlensystem B-14

2.5   Vorzeichenbehaftete Binärzahlen B-15

2.6   Realzahlen B-15

2.7   Erzeugung binärer und digitaler Signale B-16

Kapitel 3   Boolesche Verknüpfungen B-19

3.1   Logische Grundfunktionen B-20

3.2   Weitere logische Verknüpfungen B-24

3.3   Ermitteln von Schaltfunktionen B-26

3.4   Vereinfachung logischer Funktionen B-28

3.5   Karnaugh-Veitch- Diagramm B-30

Kapitel 4   Aufbau und Funktionsweise der SPS B-33

4.1   Struktur einer SPS B-34

4.2   Zentraleinheit einer SPS B-36

4.3   Funktionsweise der SPS B-38

4.4   Anwendungsprogrammspeicher B-40

4.5   Eingangsbaugruppe B-42

4.6   Ausgangsbaugruppe B-44

4.7   Programmiergerät / Personal computer B-46

Kapitel 5 Programmierung einer SPS B-49

5.1 Systematische Lösungsfindung B-50

5.2 Strukturierungsmittel der IEC 1131-3 .... B-53

5.3 Programmiersprachen B-56

Kapitel 6 Gemeinsame Elemente der Programmiersprachen B-61

6.1 Betriebsmittel einer SPS B-62

6.2 Variablen und Datentypen B-66

6.3 Programm-Organisationseinheiten B-76

Kapitel 7 Funktionsbausteinsprache B-91

7.1 Elemente der Funktionsbausteinsprache B-92

7.2 Auswertung von Netzwerken B-93

7.3 Schleifenstrukuren B-94

Kapitel 8 Kontaktplan B-95

8.1 Elemente des Kontaktplan B-96

8.2 Funktionen und Funktionsbausteine B-98

8.3 Auswertung von Strompfaden B-99

Kapitel 9 Anweisungsliste B-101

9.1 Anweisungen B-102

9.2 Operatoren B-103

9.3 Funktionen und Funktionsbausteine B-104

Kapitel 10 Strukturierter Text B-107

10.1 Ausdrücke B-108

10.2 Anweisungen B-110

10.3 Auswahlanweisungen B-112

10.4 Wiederholungsanweisungen B-115

Kapitel 11   Ablaufsprache B-119

11.1   Einführung B-120

11.2   Elemente der Ablaufsprache B-120

11.3   Transitionen B-130

11.4   Schritte B-133

11.5   Beispiel B-143

Kapitel 12   Verknüpfungssteuerungen B-147

12.1   Was ist eine Verknüpfungssteuerung B-148

12.2   Verknüpfungssteuerungen ohne Speicherverhalten B-148

12.3   Verknüpfungssteuerungen mit Speicherverhalten B-154

12.4   Flankenauswertung B-157

Kapitel 13   Zeitgeber B-161

13.1   Einführung B-162

13.2   Impulszeitgeber B-163

13.3   Einschaltverzögerung B-165

13.4   Ausschaltverzögerung B-167

Kapitel 14   Zähler B-171

14.1   Zählfunktionen B-172

14.2   Aufwärts-Zähler B-172

14.3   Abwärts-Zähler B-176

14.4   Auf-/Abwärts-Zähler B-178

Kapitel 15   Ablaufsteuerungen B-179

15.1   Was ist eine Ablaufsteuerung B-180

15.2   Funktionsplan nach IEC 848 bzw. DIN 40 719, T.6 . . . . . B-180

15.3   Weg-Schritt-Diagramm B-186

**Kapitel 16   Inbetriebnahme und Betriebssicherheit
einer SPS** B-187

16.1   Inbetriebnahme. B-188

16.2   Betriebssicherheit einer SPS B-190

Kapitel 17   Kommunikation B-195

17.1   Notwendigkeit der Kommunikation B-196

17.2   Datenübertragung B-196

17.3   Schnittstellen B-197

17.4   Kommunikation im Feldbereich B-198

Anhang

    Bildnachweis B-202

    Literaturverzeichnis B-203

    Richtlinien und Normen B-205

Stichwortverzeichnis B-209

Kapitel 1

Die SPS in der Automatisierungstechnik

1.1 Einführung

Die erste **S**peicher**p**rogrammierbare **S**teuerung (SPS) wurde 1968 von einer Gruppe von Ingenieuren der Firma General Motors entwickelt, als die Firma nach einem Ersatz für aufwendige Relaissteuerungen suchte.

An das neue Steuerungssystem wurden folgende Anforderungen gestellt:

- Einfache Programmierung
- Änderungen des Programms ohne Eingriff in das System (kein internes Umverdrahten)
- Kleiner, billiger und sicherer als entsprechende Relaissteuerungen
- Einfache und kostengünstige Wartung

Die ersten Systeme, die daraufhin entwickelt wurden, konnten ausschließlich binäre Signale miteinander verknüpfen. Die Vorschrift, wie diese Signale zu verknüpfen sind, ist im Steuerprogramm festgelegt. Diese konnten durch die neuen Systeme erstmalig am Bildschirm gezeichnet und in elektronischen Speichern abgelegt werden.

Seitdem sind 3 Jahrzehnte vergangen und die enorme Entwicklung der Mikroelektronik hat auch vor Speicherprogrammierbaren Steuerungen nicht haltgemacht. Stand beispielsweise anfänglich für den Programmierer noch die Optimierung von Programmen und damit die Verringerung von benötigter Speicherkapazität als eine wichtige Aufgabe im Vordergrund, so spielt diese heute kaum noch eine Rolle.

Auch die Anwendungsfälle haben sich wesentlich erweitert. Prozeßvisualisierung, Analogwertverarbeitung oder gar Einsatz der SPS als Regler galten noch vor 15 Jahren als Utopie. Heute ist die Unterstützung dieser Funktionen Bestandteil vieler SPS.

Die nachfolgenden Seiten dieses einführenden Kapitels sollen deshalb die momentan wichtigsten Aufgaben und Einsatzfälle der SPS sowie ihren Grundaufbau dokumentieren.

1.2 Einsatzgebiete der SPS

Jede Anlage oder Maschine besitzt eine Steuerung. Nach Art der eingesetzten Technik können diese in mechanische, pneumatische, hydraulische, elektrische und elektronische Steuerungen unterschieden werden. Häufig kommen Kombinationen aus verschiedenen Technologien zum Einsatz. Zusätzlich unterscheidet man in verbindungsprogrammierbare (z.B. Verdrahtung von elektromechanischen oder elektronischen Bauelementen) und speicherprogrammierbare Steuerungen. Erstere setzt man vor allem in solchen Fällen ein, in denen eine Umprogrammierung durch den Anwender nicht in Frage kommt und die Losgröße die Entwicklung einer speziellen Steuerung rechtfertigt. Typische Anwendungsfälle solcher Steuerungen finden sich bei Waschautomaten, Videokameras, PKWs.

Erlaubt dagegen die Losgröße nicht die Entwicklung einer speziellen Steuerung bzw. soll dem Anwender eine einfache und selbständige Änderung des Programmes, die Einstellung von Zeiten und Zählern gestattet werden, so wird man den Einsatz einer universellen Steuerung bevorzugen, bei der das Programm in einen elektronischen Speicher geschrieben wird. Die SPS stellt eine solche universelle Steuerung dar. Sie kann für unterschiedlichste Anwendungen genutzt werden und bietet dem Anwender über das in ihrem Speicher abgelegte Programm eine einfache Möglichkeit, Steuerungsprozesse zu ändern, zu erweitern, zu optimieren.

Bild B1.1:
Beispiel einer
SPS-Anwendung

Die ursprüngliche Aufgabe der SPS besteht darin, Eingangssignale nach einem vorgegebenen Programm miteinander zu verknüpfen und für den "Wahr"-Fall den entsprechenden Ausgang zu schalten. Die mathematische Grundlage für diese Verknüpfung bildet die Boolesche Algebra, die für eine Variable genau zwei definierte Zustände kennt: "0" und "1" (siehe auch Kapitel 3). Dementsprechend kann ein Ausgang auch nur diese beiden Zustände annehmen. Ein angeschlossener Motor könnte beispielsweise ein- oder ausgeschaltet, also gesteuert werden.

Diese Aufgabe hat den Namen der SPS geprägt: **Speicherprogrammierbare Steuerung**, d.h., das Ein-/Ausgangsverhalten gleicht dem elektromagnetischer Relais- bzw. pneumatischer Schaltventilsteuerungen, das Programm ist in einem elektronischen Speicher abgelegt.

Allerdings erweiterten sich die Aufgaben sehr schnell: Zeit- und Zählfunktion, Speicher setzen und rücksetzen, mathematische Rechenoperationen sind Anwendungen, die heutzutage nahezu jede SPS kann.

Weiter stiegen die Anforderungen an SPS mit ihrer rasanten Verbreitung und der Entwicklung der Automatisierungstechnik. Visualisierung wäre zu nennen, die Darstellung von Maschinenzuständen bzw. des ablaufenden Steuerprogramms auf Display oder Monitor. Ebenso Bedienen, also die Möglichkeit, in Steuerungsprozesse eingreifen zu können oder aber dieses Eingreifen für Unbefugte unmöglich zu machen. Sehr schnell wurde es auch notwendig, SPS-gesteuerte Einzelanlagen automatisierungstechnisch miteinander zu verknüpfen und aufeinander abzustimmen. Über einen Leitrechner ist es somit möglich, mehreren SPS-Anlagen übergeordnete Befehle zur Programmabarbeitung zu erteilen.

Die Vernetzung mehrerer SPS untereinander wie auch von SPS und Leitrechner erfolgt über spezielle Kommunikationsschnittstellen. Hierbei sind viele der neueren SPS kompatibel zu offenen, standardisierten Bussystemen wie Profibus nach DIN 19 245. Durch die enorm gestiegene Leistungsfähigkeit moderner SPS können diese sogar selbst die Aufgabe eines Leitrechners übernehmen.

Ende der 70er Jahre wurden schließlich die binären Ein- und Ausgänge um analoge Ein- und Ausgänge erweitert, da viele technische Anwendungen heute Analogwertverarbeitung erfordern (Kraftmessung, Drehzahlstellen, servopneumatische Positioniersysteme). Zugleich ist mit der Erfassung bzw. Ausgabe analoger Signale ein Istwert-/Sollwert-Vergleich und damit die Realisierung regelungstechnischer Aufgaben möglich, eine Aufgabe, die weit über den im Namen angegebenen Bereich (Speicherprogrammierbare Steuerung) hinausgeht.

Die augenblicklich auf dem Markt angebotenen SPS sind inzwischen so auf Kundenanforderungen abgestimmt, daß es möglich ist, für nahezu jede Anwendung eine besonders geeignete SPS zu kaufen. So gibt es Kleinst-SPS mit wenigen Ein-/Ausgängen schon ab ein paar hundert Mark, es sind größere SPS mit 128 oder 256 Ein- und Ausgängen erhältlich.

Viele SPS sind mit zusätzlichen Ein- bzw. Ausgangs-, Analog-, Positionier- und Kommunikationsbaugruppen erweiterbar. Es gibt spezielle SPS für Aufgaben der Sicherheitstechnik, des Schiff- oder Bergbaus. Andere SPS können wiederum mehrere Programme gleichzeitig abarbeiten (Multitasking). Schließlich werden SPS mit anderen automatisierungstechnischen Elementen gekoppelt, so daß wesentlich erweiterte Einsatzgebiete entstehen.

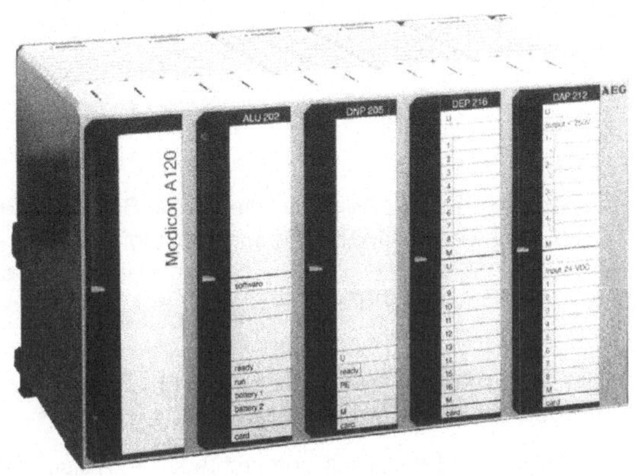

Bild B1.2:
Beispiel einer SPS:
AEG Modicon A120

Der Begriff Speicherprogrammierbare Steuerung wird in der IEC 1131, Teil 1 wie folgt definiert:

1.3 Grundaufbau
der SPS

"Ein digital arbeitendes elektronisches System für den Einsatz in industriellen Umgebungen mit einem programmierbaren Speicher zur internen Speicherung der anwenderorientierten Steuerungsanweisungen zur Implementierung spezifischer Funktionen wie z.B. Verknüpfungssteuerung, Ablaufsteuerung, Zeit-, Zähl- und arithmetische Funktionen, um durch digitale oder analoge Eingangs- und Ausgangssignale verschiedene Arten von Maschinen und Prozesse zu steuern.

*Die Speicherprogrammierbare Steuerung und die zugehörigen Periphe-
riegeräte (das SPS-System) sind so konzipiert, daß sie sich leicht in ein
industrielles Steuerungssystem integrieren und in allen ihren beabsich-
tigten Funktionen einsetzen lassen."*

Eine Speicherprogrammierbare Steuerung ist damit nichts anderes als
ein speziell auf Steuerungsaufgaben zugeschnittener Computer.

Die Systemkomponenten einer SPS zeigt Bild B1.3.

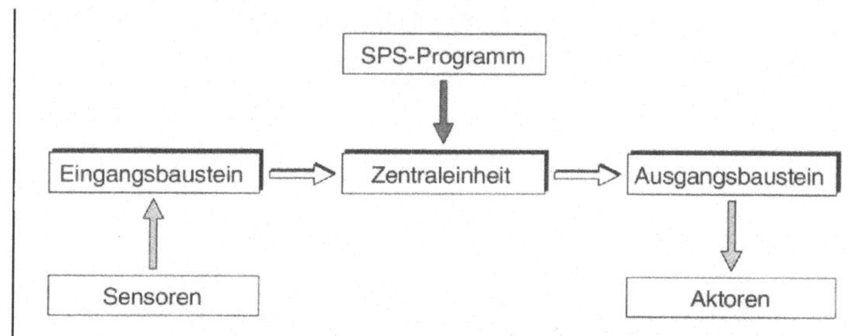

*Bild B1.3:
Systemkomponenten
einer SPS*

Der Eingangsbaustein hat die Aufgabe, die von außen kommenden Signale in für die SPS verarbeitbare Signale umzuformen und diese an
die Zentraleinheit weiterzugeben. Die umgekehrte Aufgabe erfüllt der
Ausgangsbaustein. Er wandelt die SPS-Signale in für die Aktoren nutz-
bare Signale um.

Die eigentliche Verarbeitung der Signale erfolgt in der Zentraleinheit
nach dem im Speicher abgelegten Programm.

Das Programm einer SPS kann auf unterschiedliche Weise erstellt werden: mit assembler-ähnlichen Befehlen in der Sprache Anweisungsliste,
in höheren, problemorientierten Sprachen wie z.B. Strukturierter Text
oder in Form eines Ablaufplans wie ihn die Ablaufsprache darstellt. In
Europa ist die Eingabe in Funktionsbausteinsprache, die auf Funktion-
splänen mit den grafischen Symbolen für logische Gatter basiert, weit
verbreitet. Die Sprache Kontaktplan wird von den Anwendern in Ameri-
ka bevorzugt eingesetzt.

Je nachdem, wie die Zentraleinheit mit den Eingangs- und Ausgangs-
bausteinen verbunden ist, kann man in Kompakt-SPS (Eingangs-, Zen-
traleinheits- und Ausgangsbaustein in einem Gehäuse) oder modulare
SPS unterscheiden.

Als Beispiel einer Kompakt-SPS ist in Bild B1.4 die Steuerung FX0 von Mitsubishi dargestellt.

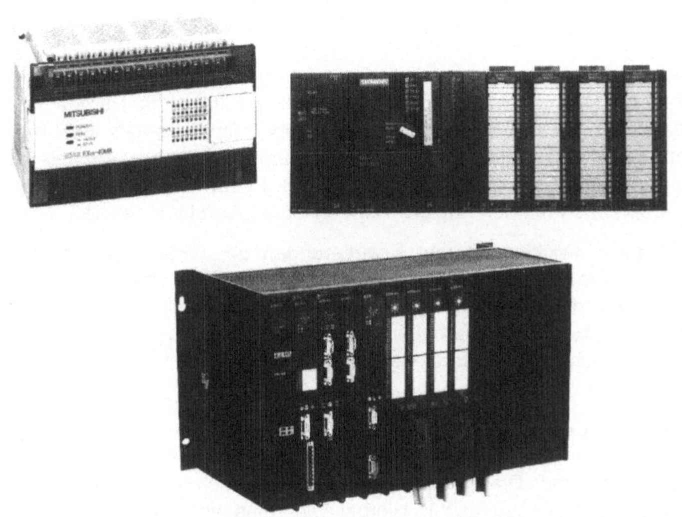

Bild B1.4:
Kompakt-SPS
(Mitsubishi FX0),
modulare SPS
(Siemens S7-300),
und Karten SPS
(Festo FPC 405)

Modulare SPS lassen sich individuell zusammensetzen. Die für die konkrete Anwendung benötigten Baugruppen – neben digitalen Ein-/Ausgangsbaugruppen können dies beispielsweise Analog-, Positionier- und Kommunikationsbaugruppen sein – werden auf den Baugruppenträger aufgesetzt. Dort sind die einzelnen Baugruppen über ein Bussystem miteinander verbunden. Bei der beschriebenen Bauform spricht man auch von Anreihtechnik. Zwei Beispiele modularer SPS sind in Bild B1.2 und B1.4 abgebildet. Es sind dies die bekannte modulare SPS-Reihe A120 von AEG Modicon sowie die neue Baureihe S7-300 der Firma Siemens.

Gerade bei neueren SPS gibt es zahlreiche Varianten, die sowohl modularen als auch kompakten Charakter besitzen. Sie zeichnen sich durch geringen Platzbedarf, durch Flexibilität und Erweiterbarkeit aus.

Als Sonderform der modularen SPS ist in den letzten Jahren die Karten-SPS entwickelt worden. Bei dieser finden sich einzelne oder mehrere Baugruppen auf einer Platine, welche wiederum in einem standardisierten Gehäuse untergebracht wird. Die Festo FPC 405 ist ein Vertreter dieser Bauform (Bild B1.4).

Speicherprogrammierbare Steuerungen werden gerätetechnisch so gebaut, daß sie der typischen industriellen Umgebung in Bezug auf Signalpegel, Wärme, Feuchtigkeit, Unregelmäßigkeiten bei der Stromversorgung und mechanische Stöße standhalten.

*1.4 Die neue SPS-
Norm IEC 1131*

Bisher gültige SPS-Normen mit Schwerpunkt SPS-Programmierung orientieren sich an einem Ende der siebziger Jahre in Europa üblich Stand der Technik. Berücksichtigt sind dort nicht-vernetzte SPS-Systeme, die im wesentlichen logische Verknüpfungen binärer Signale ausführen. Für diese Anwendungen sind z.B. in der DIN 19 239 Programmiersprachen mit den entsprechenden Sprachbefehlen definiert.

Für die Entwicklungen und Erweiterungen der SPS in den achtziger Jahren wie Verarbeitung analoger Signale, Einbindung intelligenter Baugruppen, vernetzte SPS-Systeme usw. gab es bisher keine äquivalenten, genormten Sprachelemente. Dies führte dazu, daß SPS-Systeme unterschiedlicher Hersteller sehr unterschiedlich zu programmieren sind.

Seit 1992 existiert nun eine neue internationale Norm für Speicherprogrammierbare Steuerungen und die zugehörigen Peripheriegeräte (Programmier- und Diagnosewerkzeuge, Prüfeinrichtungen, Mensch-Maschine-Schnittstellen usw.). Hierbei wird eine vom Anwender zusammengesetzte Gerätekonfiguration, bestehend aus den o.g. Komponenten, als SPS-System bezeichnet.

Die neue Norm IEC 1131 besteht aus fünf Teilen:

- Teil 1: Allgemeine Informationen
- Teil 2: Betriebsmittelanforderungen und Prüfungen
- Teil 3: Programmiersprachen
- Teil 4: Anwenderrichtlinien (bei IEC in Bearbeitung)
- Teil 5: Kommunikation (bei IEC in Bearbeitung)

Teil 1 bis 3 dieser Norm wurden 1994 unverändert als Europäische Norm EN 61 131, Teil 1 bis 3, übernommen. Als solche haben sie gleichzeitig den Status einer Deutschen Norm.

Die neue Norm hat es sich zur Aufgabe gesetzt, den Aufbau und die Funktionalität einer SPS sowie die zu ihrer Programmierung benötigten Sprachen so weitreichend festzulegen und zu vereinheitlichen, daß Anwender ohne große Mühe mit unterschiedlichen SPS-Systemen arbeiten können.

In den nächsten Kapiteln wird auf diese Norm noch näher eingegangen, zu diesem Zeitpunkt sollen folgende Aussagen genügen:

- Die neue Norm berücksichtigt möglichst viele Aspekte des Aufbaus, der Anwendung und des Einsatzes von SPS-Systemen.
- Durch die weitreichenden Festlegungen werden offene, standardisierte SPS-Systeme definiert.
- Die Hersteller müssen sich sowohl in Hinsicht auf die rein technischen Anforderungen an SPS, als auch in Hinsicht auf die Programmierung der Steuerungen den Vorschriften dieser Norm unterwerfen.
- Abweichungen müssen dem Anwender vollständig dokumentiert werden.

Nach anfänglicher Zurückhaltung hat sich ein recht breiter Interessenkreis (PLCopen) zur Unterstützung dieser Norm gebildet. Viele große SPS-Anbieter sind in diesem Verband Mitglied. Um einige Namen zu nennen: Allen Bradley, Klöckner-Moeller, Philips. Auch SPS-Hersteller wie Siemens oder Mitsubishi bieten IEC-1131-konforme Steuerungs- und Programmiersysteme an.

Am Markt sind bereits die ersten Programmiersysteme erhältlich, weitere sind zum Stand Redaktionsschluß in Entwicklung. Für die Akzeptanz und die Durchsetzung der neuen Norm bestehen damit recht gute Chancen. Nicht zuletzt möchte dieses Lehrbuch dazu einen gewissen Beitrag leisten.

Kapitel 2

Grundlagen

2.1 Das dezimale Zahlensystem

Charakteristisch für das im allgemeinen benutzte dezimale Zahlensystem ist die Struktur der Stellen und der Wertigkeit dieser Stellen. Die Zahl 4344 zum Beispiel läßt sich darstellen als:

$$4344 = 4 \times 1000 + 3 \times 100 + 4 \times 10 + 4 \times 1$$

Die Zahl 4 ganz links hat also eine ungleich andere Bedeutung als die Zahl 4 ganz rechts.

Grundlage des dezimalen Zahlensystems ist das Vorhandensein von 10 verschiedenen Ziffern (dezimal: von decem (lat.) = 10). Mit diesen 10 verschiedenen Ziffern von kann von 0 bis 9 gezählt werden. Soll über die Zahl 9 hinausgezählt werden, wird ein Übertrag zur nächsten Stelle gebildet. Diese Stelle hat die Wertigkeit 10, ist die 99 erreicht, erfolgt der nächste Übertrag.

Als Beispiel soll die Zahl 71.718.711 dienen:

Beispiel

10^7	10^6	10^5	10^4	10^3	10^2	10^1	10^0
7	1	7	1	8	7	1	1

Wie an der Zusammenstellung deutlich wird, hat die "7" ganz links die Bedeutung 70.000.000 = 70 Millionen, während die "7" an der dritten Stelle von rechts die Bedeutung 700 hat.

Man spricht bei der Stelle ganz rechts von der niederwertigsten, bei der Stelle ganz links von der höchstwertigsten Stelle.

Nach diesem Muster können beliebige Zahlensysteme aufgebaut werden, die Grundstruktur ist auf Zahlensysteme mit beliebig vielen Ziffern anwendbar. Folglich sind auch alle Rechenoperationen und Rechenmethoden, die mit dem dezimalen Zahlensystem benutzt werden, bei anderen Zahlensystemen einsetzbar.

2.2 Das binäre Zahlensystem

Es war nun das Verdienst von Leibnitz, die Strukturen des dezimalen Zahlensystems auf das Rechnen mit nur zwei Ziffern zu übertragen. Bereits 1679 wurde damit eine entscheidende Voraussetzung für die Entwicklung des Computers geschaffen, weil elektrische Spannung bzw. elektrischer Strom das Rechnen mit nur lediglich zwei Zuständen ermöglicht: z.B. "Strom an", "Strom aus". Diese beiden Informationen werden als Zahlen dargestellt: "1" und "0".

Beschränkt man sich auf genau 2 Ziffern pro Stelle einer Zahl, dann wird ein Zahlensystem so aufgebaut:

$2^7=128$	$2^6=64$	$2^5=32$	$2^4=16$	$2^3=8$	$2^2=4$	$2^1=2$	$2^0=1$
1	0	1	1	0	0	0	1

Beispiel

Das Prinzip ist genau gleich der Methode, eine Dezimalzahl zu bilden. Allerdings stehen nur zwei Ziffern zur Verfügung, weshalb die Wertigkeit einer Stelle sich nicht als 10^x berechnet, sondern als 2^x. Also hat die niederwertigste Stelle ganz rechts die Wertigkeit $2^0 = 1$, die nächste Stelle $2^1 = 2$ usw.. Wegen der Benutzung von ausschließlich zwei Ziffern wird dieses Zahlensystem das binäre oder auch das duale Zahlensystem genannt.

Mit acht Stellen kann bis maximal

$$2^8 - 1 = 256 - 1 = 255$$

gezählt werden, das wäre die Zahl $1111\ 1111_2$.

Die einzelne Stelle des dualen oder binären Zahlensystems kann eine der beiden Ziffern 0 oder 1 aufnehmen. Eine solche kleinste Einheit des dualen Systems ist ein Bit.

Im obigen Beispiel wurde eine Zahl aus 8 Bit, d.h. einem Byte, zusammengestellt (im Computer aus 8 elektrischen Signalen, die jeweils "Spannung vorhanden" oder "Spannung nicht vorhanden" bzw. "Strom an" oder "Strom aus" führen können). Die betrachtete Zahl $1011\ 0001_2$ hat den dezimalen Wert 177_{10}.

1×2^7	0×2^6	1×2^5	1×2^4	0×2^3	0×2^2	0×2^1	1×2^0
= 128		+ 32	+ 16				+ 1
= 177							

Beispiel

2.3 Der BCD-Code

Duale bzw. binäre Zahlen sind für den an das Dezimalsystem gewöhnten Menschen schlecht lesbar. Aus diesem Grund wurde eine leichter lesbare Zahlendarstellung eingeführt. Es ist dies die binärcodierte Dezimaldarstellung, der sogenannte BCD-Code (engl. Binary Coded Decimal). Bei diesem BCD-Code wird jede einzelne Ziffer des dezimalen Zahlensystems durch die entsprechende duale Zahl dargestellt:

0_{10}	0000_{BCD}
1_{10}	0001_{BCD}
2_{10}	0010_{BCD}
3_{10}	0011_{BCD}
4_{10}	0100_{BCD}
5_{10}	0101_{BCD}
6_{10}	0110_{BCD}
7_{10}	0111_{BCD}
8_{10}	1000_{BCD}
9_{10}	1001_{BCD}

Tabelle B2.1:
Darstellung der Dezimalzahlen im BCD-Code

Für die 10 Ziffern des dezimalen Zahlensystems werden damit 4 Stellen des dualen Zahlensystems benötigt. Den verschenkten Platz (mit 4 Stellen können im dualen Zahlensystem die Zahlen 0 bis 15 dargestellt werden) nimmt man wegen der Übersichtlichkeit in Kauf.

Die Dezimalzahl 7133 wird also im BCD-Code folgendermaßen dargestellt:

$$0111\ 0001\ 0011\ 0011_{BCD}$$

Eine vierstellige Dezimalzahl benötigt damit 16 Bit für ihre Darstellung im BCD-Code. BCD-codierte Zahlen werden häufig bei 7-Segment-Anzeigen und Codierschaltern benutzt.

2.4 Das hexadezimale Zahlensystem

Die Anwendung dualer Zahlen ist für Ungeübte oftmals schwierig, die Anwendung des BCD-Code sehr platzaufwendig. Daher entwickelte man das Oktal- und das Hexadezimal-System. Beim oktalen Zahlensystem werden immer drei Bit zusammengefaßt. Damit ist ein Zählen von 0 bis 7 möglich, also die Darstellung von acht Zuständen.

Dagegen werden beim hexadezimalen Zahlensystem 4 Bit zusammengefaßt. 4 Bit erlauben die Darstellung der Zahlen von 0 bis 15, also die Darstellung von 16 Zuständen. Um diese Zahlen in Ziffern darstellen zu können, benutzt man die Ziffern 0 bis 9 und anschließend die Buchstaben A, B, C, D, E und F mit A = 10, B = 11, C = 12, D = 13, E = 14 und F = 15. Die Wertigkeit der einzelnen Stellen einer dargestellten Zahl sind Potenzen von 16.

$16^3=4096$	$16^2=256$	$16^1=16$	$16^0=1$
8	7	B	C

Beispiel

Die als Beispiel angegebene Zahl $87BC_{16}$ wird also gelesen als:

$$8 \times 16^3 + 7 \times 16^2 + 11 \times 16^1 + 12 \times 16^0 = 34\,748_{10}$$

Bisher wurde nur von ganzen positiven Zahlen gesprochen. Daß es auch negative Zahlen gibt, blieb unberücksichtigt. Um mit diesen negativen Zahlen arbeiten zu können, wurde vereinbart, daß das ganz links stehende höchstwertige Bit einer Binärzahl zur Darstellung des Vorzeichens benutzt wird: "0" entspricht damit "+", "1" entspricht "–".

2.5 Vorzeichenbehaftete Binärzahlen

Jetzt bedeutet $1111\ 1111_2 = -127_{10}$ und $0111\ 1111_2 = +128_{10}$

Da das höchstwertige Bit verbraucht ist, steht für die Darstellung einer vorzeichenbehafteten Zahl ein Bit weniger zur Verfügung. Für die Darstellung einer Binärzahl mit 16 Stellen ergibt sich der folgende Wertebereich:

ganze Zahl	*Wertebereich*
nicht vorzeichenbehaftet	0 bis 65535
vorzeichenbehaftet	-32768 bis +32767

Tabelle B2.2:
Wertebereiche von Binärzahlen

Nachdem nun ganze positive und ganze vorzeichenbehaftete Zahlen mit 0 bzw. 1 darstellbar geworden sind, fehlen noch die Komma- oder Realzahlen.

2.6 Realzahlen

Um eine Realzahl mit dem dualen Zahlensystem computergerecht darstellen zu können, wird die Zahl in 2 Gruppen aufgespalten, in die Zehnerpotenz und einen Multiplikationsfaktor. Man nennt das auch die wissenschaftliche Darstellung von Zahlen.

Eine Zahl 27,3341 wird so umgewandelt in 273 341 x 10^{-4}. Es werden also zwei ganze vorzeichenbehaftete Zahlen notwendig, um eine beliebige Realzahl im Computer darstellen zu können.

2.7 Erzeugung binärer und digitaler Signale

Wie bereits aus dem vorhergehenden Abschnitt deutlich wird, arbeitet jeder Computer und damit auch jede SPS mit binären bzw. digitalen Signalen. Unter einem binären Signal versteht man ein Signal, das genau zwei definierte Zustände kennt.

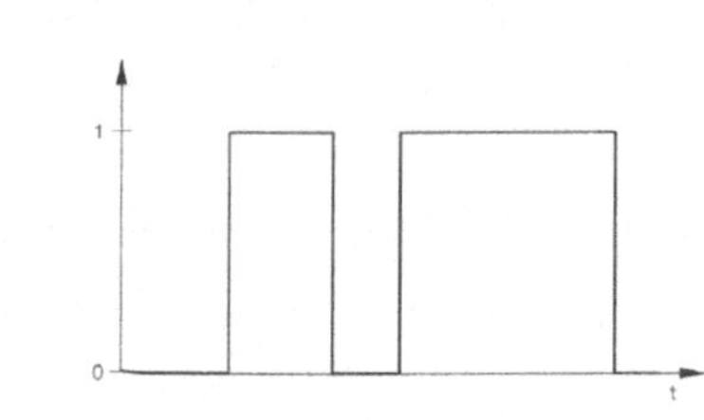

Bild B2.1:
Binäres Signal

Diese Zustände bezeichnet man als "0" bzw. "1", es sind auch die Begriffe "low" und "high" üblich. Mit kontaktbehafteten Bauelementen lassen sich diese Signale sehr einfach realisieren. Ein betätigter Schließer entspricht einem logisch 1-Signal, ein unbetätigter einem logisch 0-Signal. Arbeitet man mit kontaktlosen Bauelementen, so ergeben sich oftmals gewisse Toleranzen. Aus diesem Grund hat man bestimmte Spannungsbereiche als logisch 0- bzw. logisch 1-Bereiche definiert.

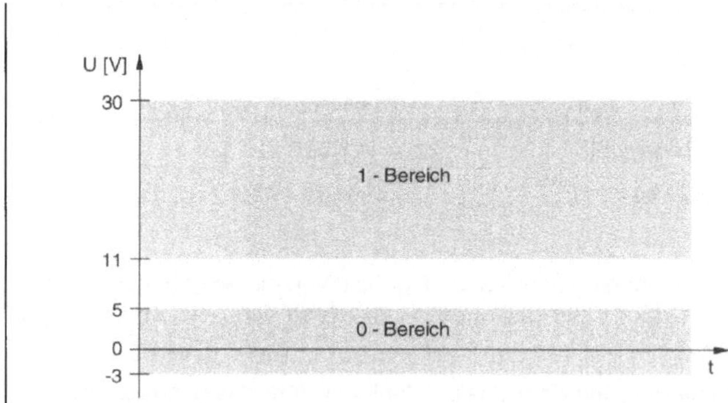

Bild B2.2:
Spannungsbereiche

In der IEC 1131-2 ist der Bereich von -3 V bis 5 V als logisch 0-Signal, der Bereich von 11 V bis 30 V als logisch 1-Signal festgelegt (für berührungslose Sensoren). Für SPS, die in ihrer Gerätetechnik die IEC 1131-2 erfüllen wollen, ist dies verbindlich. In der Praxis findet man derzeit oftmals noch andere Spannungsbereiche für logisch 0- und 1-Signal vor. Verbreitet ist: -30 V bis +5 V als logisch 0, 13 V bis 30 V als logisch 1.

Im Gegensatz zu den binären Signalen können digitale Signale beliebig viele Zustände besitzen. Diese Zustände bezeichnet man auch als Wertstufen. Ein digitales Signal ist damit durch eine beliebige Anzahl von Wertstufen gekennzeichnet. Die Änderung zwischen diesen Wertstufen erfolgt sprunghaft. Nachfolgende Abbildung zeigt drei Möglichkeiten, ein analoges Signal in ein digitales Signal umzuformen.

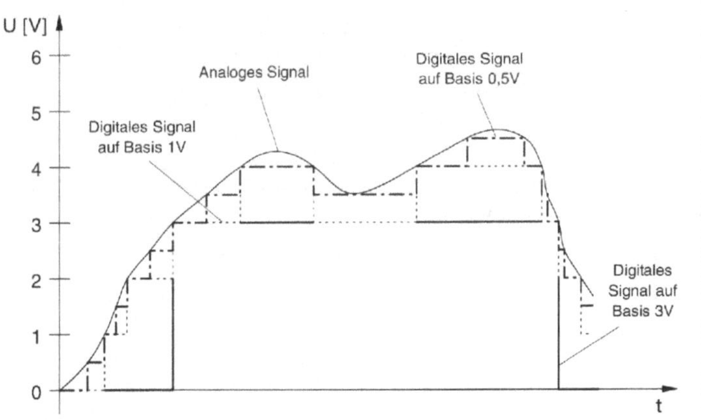

Bild B2.3:
Umwandlung eines analogen in ein digitales Signal

Digitale Signale können zum einen aus analogen Signalen gebildet werden. Diese Methode wird beispielsweise bei der Analogwertverarbeitung durch SPS eingesetzt. Dementsprechend zerlegt man das analoge Eingangssignal im Bereich von 0 bis 10 V in Wertstufen. Das digitale Signal könnte damit, je nach Güte der SPS und eventuell eingestellter Sprunghöhe, mit Wertsprüngen von 0,1 V, 0,01 V oder 0,001 V arbeiten. Selbstverständlich wird man in diesem Fall den kleinsten Bereich wählen, um das analoge Signal so genau wie möglich nachzubilden.

Ein einfaches Beispiel eines analogen Signals ist der Druck, der mit einem Manometer gemessen und angezeigt wird. Das Drucksignal kann zwischen seinem Minimalwert und seinem Maximalwert beliebige Zwischenwerte annehmen. Es ändert sich im Gegensatz zum digitalen Signal kontinuierlich. Bei der Analogwertbearbeitung werden von der SPS, wie beschrieben, analoge Spannungssignale ausgewertet und umgesetzt.

Andererseits können digitale Signale durch Aufsummierung einer bestimmten Anzahl binärer Signale gebildet werden. So ist es, wie auch im vorhergehenden Abschnitt erwähnt, möglich, mit 8 binären Schaltern ein digitales Signal mit 256 Wertstufen zu erzeugen.

Beispiel

Bit-Nr.	7	6	5	4	3	2	1	0	Digitalwert
Beispiel 1	1	0	1	1	1	0	1	1	187
Beispiel 2	0	0	1	1	0	0	1	1	51
Beispiel 3	0	0	0	0	0	0	0	0	0

Dieses Verfahren wird beispielsweise bei der Realisierung von Zeit- und Zählfunktionen angewendet.

Kapitel 3

Boolesche Verknüpfungen

<table>
<tr><td>

3.1 *Logische*
     Grundfunktionen

</td><td>

Wie im vorhergehenden Kapitel beschrieben, arbeitet jeder Computer und damit jede SPS mit Zahlensystemen auf der Basis 2. Das gilt auch für das Oktal- (2^3) und das Hexadezimalsystem (2^4). Die einzelnen Variablen können somit nur zwei Zustände annehmen, "0" oder "1". Um diese Variablen verknüpfen zu können, werden spezielle Rechenregeln eingeführt – die sogenannte Boolesche Algebra. Diese läßt sich anschaulich mit elektrischen Kontakten darstellen.

</td></tr>
</table>

Negation (NICHT-Funktion)

Bei dem abgebildeten Taster handelt es sich um einen Öffner. Ist dieser nicht betätigt, so leuchtet die Lampe H1, wird er dagegen betätigt, so erlischt Lampe H1.

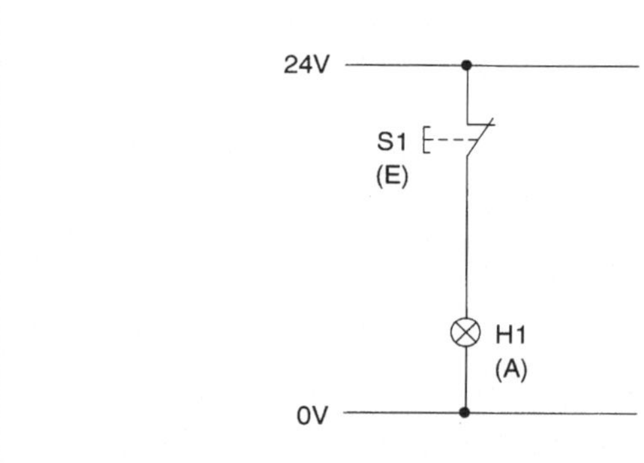

Bild B3.1:
Schaltplan

Als Signaleingang fungiert der Taster S1, den Ausgang bildet die Lampe. Den gegebenen Sachverhalt kann man in einer Funktions- oder Wertetabelle erfassen:

E	A
0	1
1	0

Funktionstabelle

Damit lautet die Boolesche Gleichung:

$$\overline{E} = A \quad \text{(lies: Nicht E gleich A)}$$

Als logisches Bildzeichen gilt:

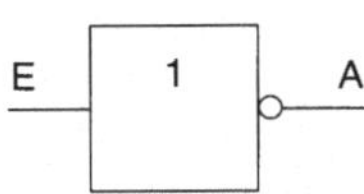

Bild B3.2:
NICHT-Funktion

Werden 2 Negationen hintereinander geschaltet, so heben sich diese auf.

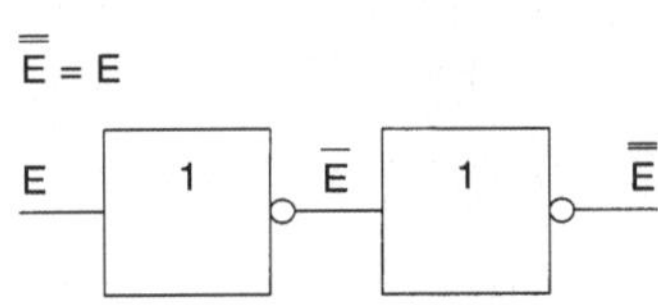

Bild B3.3:
2 verknüpfte
NICHT-Funktionen

Konjunktion (UND-Funktion)

Schaltet man zwei Schließer in Reihe, so leuchtet die angesteuerte Lampe nur dann, wenn beide Taster betätigt sind.

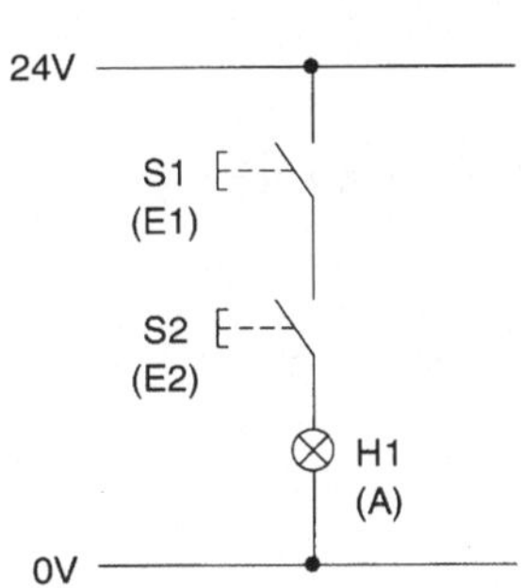

Bild B3.4:
Schaltplan

E1	E2	A
0	0	0
0	1	0
1	0	0
1	1	1

Funktionstabelle

Die Funktionstabelle belegt den Zusammenhang. Der Ausgang wird erst dann 1, wenn sowohl Eingang 1 als auch Eingang 2 ein "1"-Signal aufweisen. Man spricht in diesem Fall von einer UND-Verknüpfung. Diese besitzt als Gleichung folgendes Aussehen:

$$E1 \wedge E2 = A$$

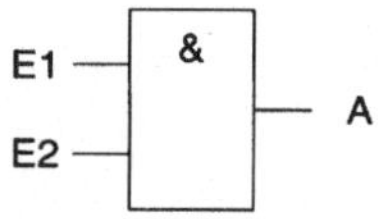

Bild B3.5:
UND-Funktion

Im weiteren gelten für die Konjunktion folgende Rechenregeln:

$$a \wedge 0 = 0$$

$$a \wedge 1 = a$$

$$a \wedge \overline{a} = 0$$

$$a \wedge a = a$$

Disjunktion (ODER-Funktion)

Als weitere logische Grundfunktion gilt das ODER. Werden 2 Schließer parallel zueinander geschaltet, so leuchtet die Lampe immer dann, wenn mindestens ein Taster geschlossen wird.

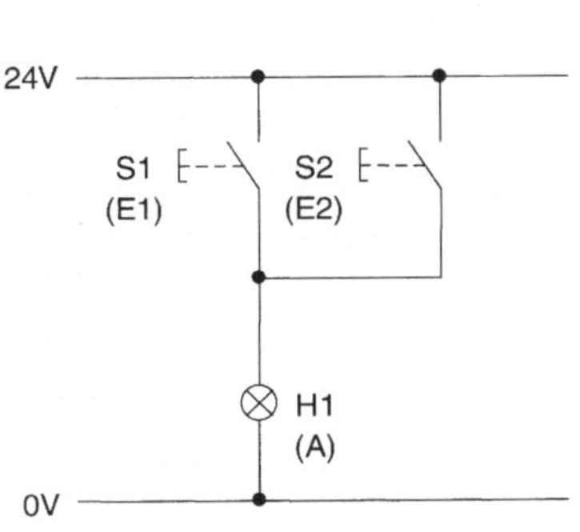

Bild B3.6:
Schaltplan

E1	E2	A
0	0	0
0	1	1
1	0	1
1	1	1

Funktionstabelle

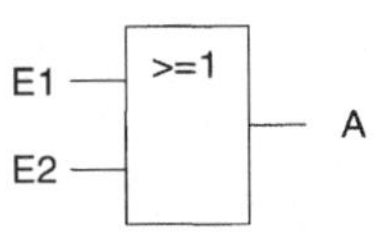

Bild B3.7:
ODER-Funktion

Als Gleichung schreibt man die Verknüpfung folgendermaßen:

$$E1 \vee E2 = A$$

Folgende Rechenregeln gelten im weiteren für die ODER-Verknüpfung:

$$b \vee 0 = b$$

$$b \vee 1 = 1$$

$$b \vee b = b$$

$$b \vee \overline{b} = 1$$

3.2 Weitere logische Verknüpfungen

Die elektrische Realisierung der NICHT-/UND-/ODER-Funktion wurde bereits im Abschnitt B3.1 dargestellt. Natürlich läßt sich jede der Funktionen auch pneumatisch oder elektronisch realisieren. Auch kennt die Boolesche Algebra weitere logische Funktionen. Nachfolgende Tabelle soll darüber einen Überblick geben.

Tabelle B3.1:
Logische Verknüpfungen

Name	Gleichung	Wertetabelle	log. Bildzeichen	pneumatische Realisierung	elektr. Realisierung	elektron. Realisierung
Identität	$E = A$	$\begin{array}{c\|c} E & A \\ \hline 0 & 0 \\ 1 & 1 \end{array}$	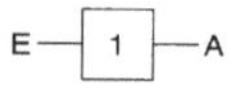 E — 1 — A	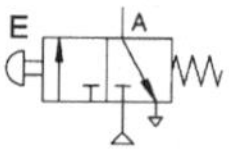	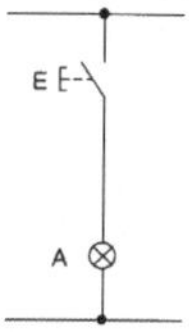	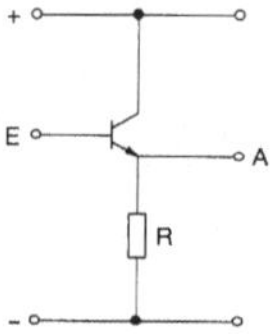
Negation	$\overline{E} = A$	$\begin{array}{c\|c} E & A \\ \hline 0 & 1 \\ 1 & 0 \end{array}$	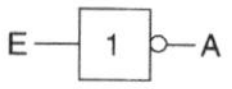 E — 1 ○— A	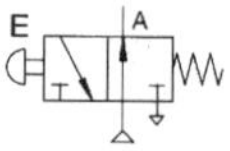	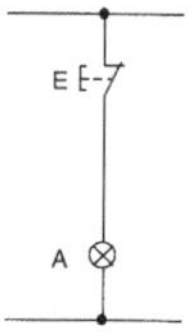	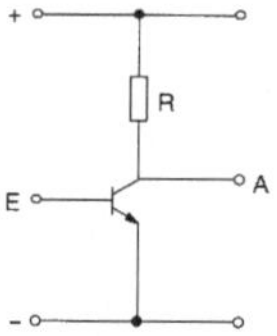
Konjuktion	$E1 \wedge E2 = A$	$\begin{array}{cc\|c} E1 & E2 & A \\ \hline 0 & 0 & 0 \\ 0 & 1 & 0 \\ 1 & 0 & 0 \\ 1 & 1 & 1 \end{array}$	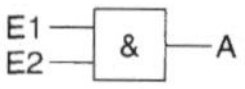 E1 / E2 — & — A	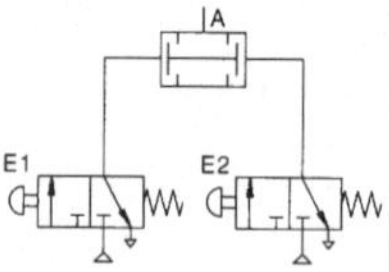	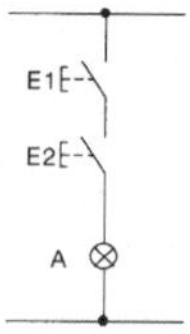	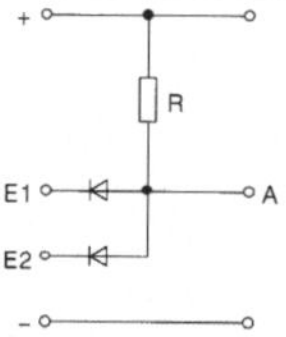
Disjunktion	$E1 \vee E2 = A$	$\begin{array}{cc\|c} E1 & E2 & A \\ \hline 0 & 0 & 0 \\ 0 & 1 & 1 \\ 1 & 0 & 1 \\ 1 & 1 & 1 \end{array}$	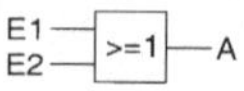 E1 / E2 — >=1 — A	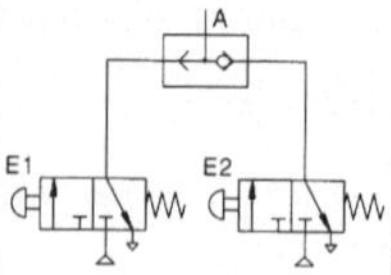	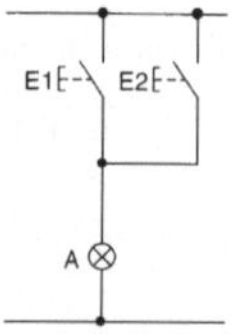	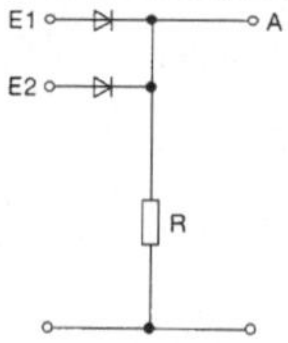

Tabelle B3.1:
Logische Verknüpfungen
(Fortsetzung)

Name	Gleichung	Wertetabelle	log. Bildzeichen	pneumatische Realisierung	elektr. Realisierung	elektron. Realisierung
Antivalenz (Exklusiv ODER)	$E1 \wedge \overline{E2} \vee$ $\overline{E1} \wedge E2 = A$	E1 E2 A 0 0 0 0 1 1 1 0 1 1 1 0	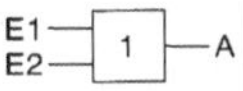	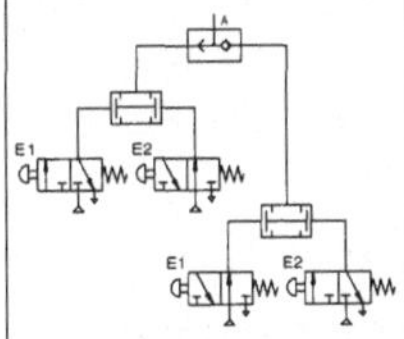	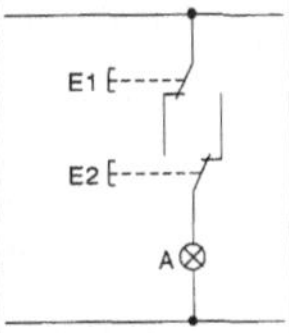	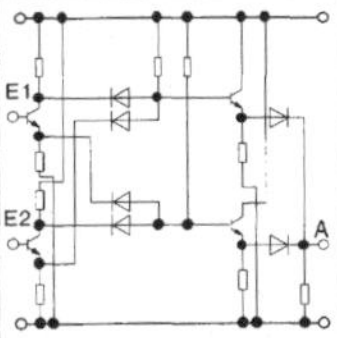
Äquivalenz	$E1 \wedge E2 \vee$ $\overline{E1} \wedge \overline{E2} = A$	E1 E2 A 0 0 1 0 1 0 1 0 0 1 1 1	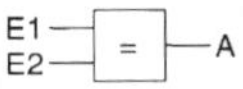	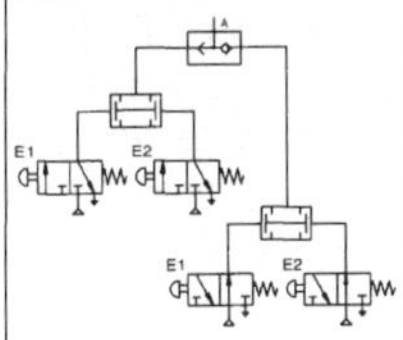	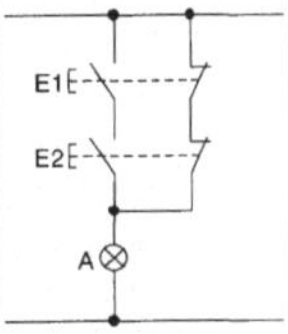	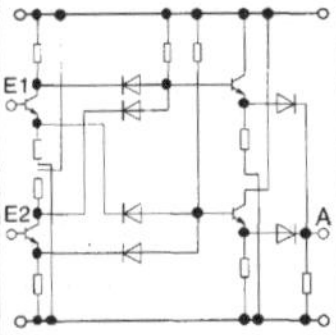
NAND	$\overline{E1 \wedge E2} = A$	E1 E2 A 0 0 1 0 1 1 1 0 1 1 1 0	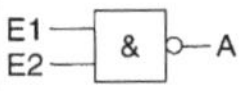	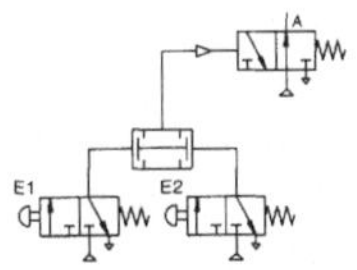	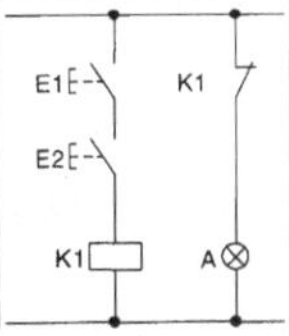	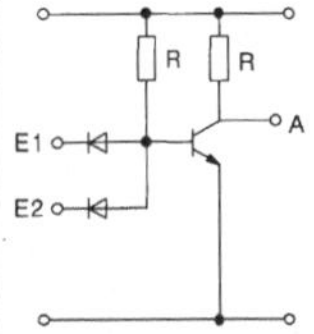
NOR	$\overline{E1 \vee E2} = A$	E1 E2 A 0 0 1 0 1 0 1 0 0 1 1 0	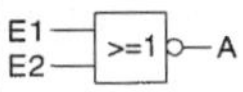	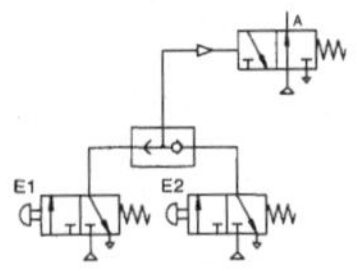	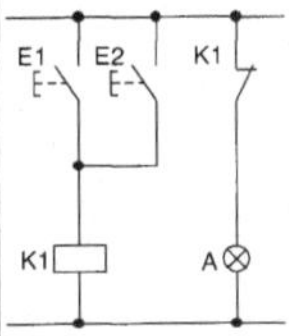	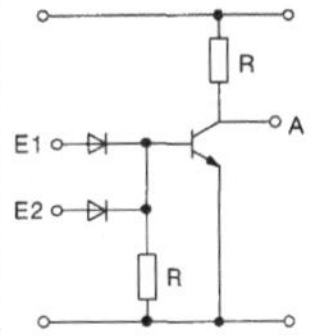

Ableiten Boolescher Gleichungen aus der Funktionstabelle
Oftmals genügen die im vorhergehenden Abschnitt dargestellten logischen Verknüpfungen nicht, um einen steuerungstechnischen Sachverhalt ausreichend zu beschreiben.

Vielmehr liegen häufig Kombinationen verschiedener logischer Funktionen vor. Aus der Funktions- bzw. Wertetabelle läßt sich der logische Zusammenhang in Form einer booleschen Gleichung auf einfache Weise ermitteln.

Ein Beispiel soll dieses verdeutlichen:

Aufgabe Sortierstation
Die verschiedenen Teile von Einbauküchen werden auf einer Fertigungsanlage (Fräs- und Bohrmaschine) bearbeitet. Zu bestimmten Typen von Küchen gehören Wand- und Türteile mit verschiedenen Bohrungen. Die Sensoren B1 bis B4 sorgen für das Erkennen der Bohrungen.

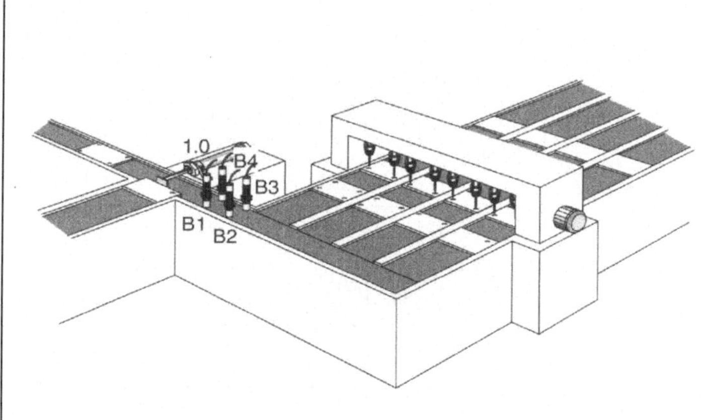

Teile mit den folgenden Lochbildern gehören zum Küchentyp 'Standard'. Diese Teile sollen durch den doppeltwirkenden Zylinder 1.0 ausgeschoben werden.

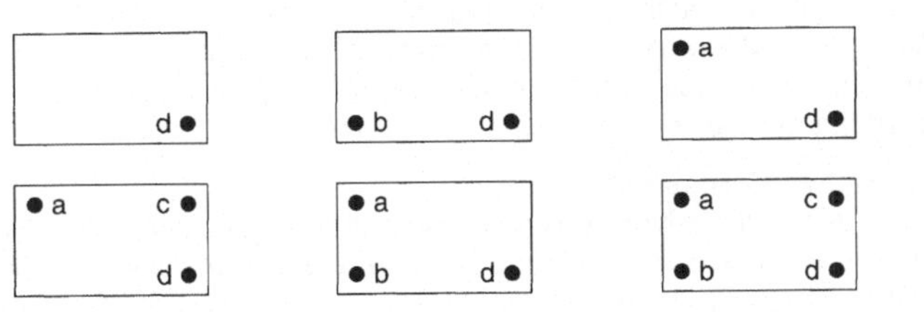

Bild 3.9:
Lochbilder der Teile

Unter der Annahme, daß eine Bohrung als "1"-Signal gelesen wird, ergibt sich folgende Funktionstabelle.

a	b	c	d	y
0	0	0	0	0
0	0	0	1	1
0	0	1	0	0
0	0	1	1	0
0	1	0	0	0
0	1	0	1	1
0	1	1	0	0
0	1	1	1	0
1	0	0	0	0
1	0	0	1	1
1	0	1	0	0
1	0	1	1	1
1	1	0	0	0
1	1	0	1	1
1	1	1	0	0
1	1	1	1	1

Funktionstabelle

Um aus dieser Tabelle nun die logische Gleichung ableiten zu können, gibt es zwei Möglichkeiten, die zu zwei verschiedenen Ausdrücken führen. Löst man diese auf, so erhält man natürlich das gleiche Ergebnis, es wird ja der gleiche Sachverhalt beschrieben.

Disjunktive Normalform

In der disjunktiven Normalform werden alle Konjunktionen (UND-Funktionen) der Eingangsvariablen, die das Ergebnis 1 aufweisen, disjunktiv (ODER-Funktion) verknüpft. Bei Signalzustand 0 wird die Eingangsvariable negiert und bei Signalzustand 1 nicht negiert verknüpft.

Für das angegebene Beispiel hat die logische Funktion damit dieses Aussehen:

$$y = (\bar{a} \wedge \bar{b} \wedge \bar{c} \wedge d) \vee (\bar{a} \wedge b \wedge \bar{c} \wedge d) \vee (a \wedge \bar{b} \wedge \bar{c} \wedge d) \vee$$

$$(a \wedge \bar{b} \wedge c \wedge d) \vee (a \wedge b \wedge \bar{c} \wedge d) \vee (a \wedge b \wedge c \wedge d)$$

Konjunktive Normalform

In der konjunkiven Normalform werden alle Disjunktionen (ODER-Funktionen) der Eingangsvariablen, die das Ergebnis 0 besitzen, konjunktiv (UND-Funktion) verknüpft. Im Gegensatz zur disjunktiven Normalform wird hier bei Signalzustand "1" die Eingangsvariable negiert und bei Signalzustand "0" nicht negiert verknüpft.

$$y = (a \vee b \vee c \vee d) \wedge (a \vee b \vee \bar{c} \vee d) \wedge (a \vee b \vee \bar{c} \vee \bar{d}) \wedge$$

$$(a \vee \bar{b} \vee c \vee d) \wedge (a \vee \bar{b} \vee \bar{c} \vee d) \wedge (a \vee \bar{b} \vee \bar{c} \vee \bar{d}) \wedge$$

$$(\bar{a} \vee b \vee c \vee d) \wedge (\bar{a} \vee b \vee \bar{c} \vee d) \wedge$$

$$(\bar{a} \vee \bar{b} \vee c \vee d) \wedge (\bar{a} \vee \bar{b} \vee \bar{c} \vee d)$$

3.4 Vereinfachung logischer Funktionen

Beide Gleichungen für das angegebene Beispiel sind recht umfangreich, wobei diejenige für die konjunktive Normalform noch erheblich länger ist. Damit ist zugleich das Kriterium für die Anwendung der disjunktiven oder konjunktiven Normalform genannt: man wird sich für diejenige entscheiden, welche die kürzere Gleichung liefert. In diesem Fall also die disjunktive Normalform.

$$y = (\bar{a} \wedge \bar{b} \wedge \bar{c} \wedge d) \vee (\bar{a} \wedge b \wedge \bar{c} \wedge d) \vee (a \wedge \bar{b} \wedge \bar{c} \wedge d) \vee$$

$$(a \wedge \bar{b} \wedge c \wedge d) \vee (a \wedge b \wedge \bar{c} \wedge d) \vee (a \wedge b \wedge c \wedge d)$$

Dieser Ausdruck läßt sich nun unter Zuhilfenahme der Booleschen Rechenregeln vereinfachen.

Die wichtigsten Regeln der Booleschen Algebra sind nachfolgend dargestellt:

$$a \vee 0 = a \qquad\qquad a \wedge 0 = 0$$
$$a \vee 1 = 1 \qquad\qquad a \wedge 1 = a$$
$$a \vee a = a \qquad\qquad a \wedge a = a$$
$$a \vee \bar{a} = 1 \qquad\qquad a \wedge \bar{a} = 0$$

Kommutativgesetz

$$a \vee b = b \vee a \qquad\qquad a \wedge b = b \wedge a$$

Assoziativgesetz

$$a \vee b \vee c = a \vee (b \vee c) = (a \vee b) \vee c$$
$$a \wedge b \wedge c = a \wedge (b \wedge c) = (a \wedge b) \wedge c$$

Distributivgesetz

$$a \wedge (b \vee c) = (a \wedge b) \vee (a \wedge c)$$
$$a \vee (b \wedge c) = (a \vee b) \wedge (a \vee c)$$

De Morgansche Regel

$$\overline{a \vee b} = \bar{a} \wedge \bar{b} \qquad\qquad \overline{a \wedge b} = \bar{a} \vee \bar{b}$$

Angewandt auf obiges Beispiel ergibt sich:

$$y = \overline{abcd} \vee \overline{ab}cd \vee a\overline{bcd} \vee a\overline{b}cd \vee ab\overline{cd} \vee abcd$$

$$= \overline{abcd} \vee \overline{ab}cd \vee a\overline{bcd} \vee a\overline{b}cd \vee ab\overline{d}(\bar{c} \vee c)$$

$$= \overline{ab}cd(\bar{b} \vee b) \vee a\overline{b}d(\bar{c} \vee c) \vee abd$$

$$= \overline{a}cd \vee a\overline{b}d \vee abd$$

$$= \overline{a}cd \vee ad(\bar{b} \vee b)$$

$$= (\overline{ac} \vee a)d$$

$$= (\bar{c} \vee a)d$$

$$= \mathbf{\bar{c}d \vee ad}$$

Das UND-Verknüpfungszeichen "$\wedge$" wurde in den einzelnen Ausdrücken aus Gründen der Übersichtlichkeit weggelassen.

Das Grundprinzip der Vereinfachung besteht im Ausklammern von Variablen und dem Zurückführen auf definierte Ausdrücke. Allerdings verlangt dieses Verfahren gute Kenntnis der Booleschen Rechenregeln und nicht zuletzt eine gewisse Übung. Eine andere Möglichkeit zur Vereinfachung soll im folgenden Abschnitt vorgestellt werden.

3.5 Karnaugh-Veitch-Diagramm

Beim Karnaugh-Veitch-Diagramm (KV-Diagramm) wird die Funktionstabelle in eine Wertetafel umgeformt.

a	b	c	d	y	Nr.
0	0	0	0	0	1
0	0	0	1	1	2
0	0	1	0	0	3
0	0	1	1	0	4
0	1	0	0	0	5
0	1	0	1	1	6
0	1	1	0	0	7
0	1	1	1	0	8
1	0	0	0	0	9
1	0	0	1	1	10
1	0	1	0	0	11
1	0	1	1	1	12
1	1	0	0	0	13
1	1	0	1	1	14
1	1	1	0	0	15
1	1	1	1	1	16

Funktionstabelle

Für unser Beispiel gibt es insgesamt 16 Belegungsmöglichkeiten. Damit muß die Wertetafel ebenfalls 16 Felder besitzen.

	$\overline{c}\overline{d}$	$\overline{c}d$	$c\overline{d}$	cd
$\overline{a}\overline{b}$	1	2	3	4
$\overline{a}b$	5	6	7	8
$a\overline{b}$	9	10	11	12
ab	13	14	15	16

Bild B3.10: Wertetafel

Die Ergebnisse der Wertetabelle werden nun nach dem dargestellten Schema in das KV-Diagramm übertragen. Prinzipiell ist dabei wiederum die Darstellung in konjunktiver bzw. disjunktiver Normalform möglich. Im weiteren soll sich aber auf die disjunktive Normalform beschränkt werden.

	$\overline{c}\overline{d}$	$\overline{c}d$	$c\overline{d}$	cd
$\overline{a}\overline{b}$	0	1	0	0
$\overline{a}b$	0	1	0	0
$a\overline{b}$	0	1	0	1
ab	0	1	0	1

Bild B3.11:
Wertetafel

Der nächste Schritt besteht darin, die Zustände, für die in der Wertetafel eine "1" geschrieben wurde, zusammenzufassen. Das geschieht blockweise unter Beachtung folgender Bestimmungen:

- Die zusammenzufassenden Zustände müssen im KV-Diagramm die Form eines Rechteckes bzw. eines Quadrates besitzen
- Die Anzahl der zusammenzufassenden Zustände muß ein Ergebnis der Funktion 2^x sein.

Damit ergibt sich folgendes Bild:

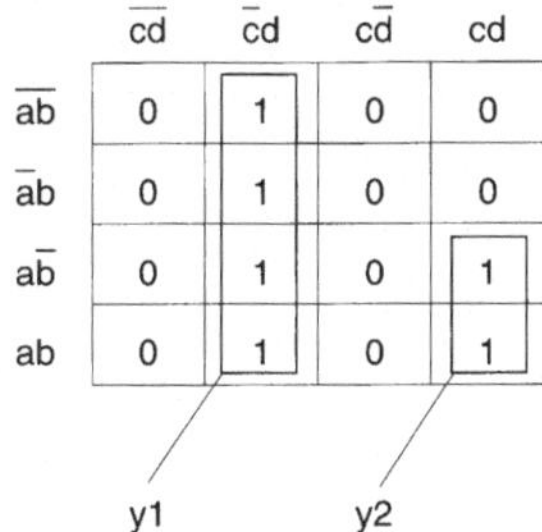

Bild B3.12:
Wertetafel

Für die ermittelten Blöcke wird der Variablenwert ausgelesen, diese werden wiederum disjunktiv verknüpft.

$$y1 \;=\; \overline{c}d$$

$$y2 \;=\; acd$$

$$\mathbf{y} \;=\; \overline{c}d \wedge acd$$

$$\;=\; (\overline{c} \vee ac) \wedge d$$

$$\;=\; (\overline{c} \vee a) \wedge d$$

$$\;=\; \mathbf{\overline{c}d \vee ad}$$

Natürlich ist das KV-Diagrammes nicht auf 16 Felder beschränkt. Für 5 Variablen ergäben sich beispielsweise 32 Felder (2^5), für 6 Variablen 64 Felder (2^6).

Kapitel 4

Aufbau und Funktionsweise der SPS

*4.1 Struktur
einer SPS*

Im allgemeinen wird bei Computersystemen zwischen Hardware, Firmware und Software unterschieden. Gleiches gilt für eine SPS, die im wesentlichen aus einem Mikrocomputer aufgebaut ist.

Die **Hardware** besteht aus der eigentlichen Gerätetechnik, also den Leiterplatten, integrierten Bausteinen, Drähten, Batterie, Gehäuse usw..

Die **Firmware** ist der Teil der Software, der vom SPS-Hersteller fest eingebaut mitgeliefert wird. Dazu gehören grundlegende Systemroutinen, mit denen der Prozessor nach dem Anlegen der Versorgungsspannung startet. Hinzu kommt bei Speicherprogrammierbaren Steuerungen noch das Betriebssystem, das im allgemeinen im ROM, einem Nur-Lese-Speicher, oder im EPROM abgelegt ist.

Die **Software** schließlich ist das Anwendungsprogramm, das vom SPS-Anwender selbst geschrieben wird. Anwendungsprogramme stehen meist im RAM, einem Schreib-Lese-Speicher, wo sie einfach geändert werden können.

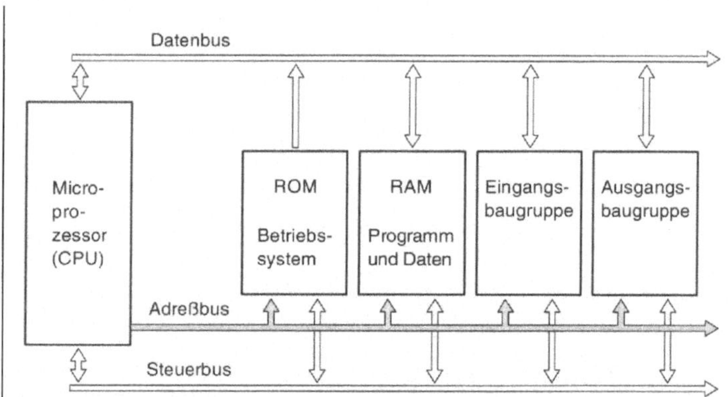

*Bild B4.1:
Grundlegender Aufbau
eines Mikrocomputers*

Bild B4.1 zeigt den grundlegenden Aufbau eines Mikrocomputers. Die Hardware beruht bei SPS – wie bei heutigen Mikrocomputersystemen fast immer – auf einem Bussystem. Ein Bussystem ist eine Anzahl elektrischer Leitungen, die in Adreß-, Daten- und Steuerleitungen gegliedert sind. Mit der Adreßleitung wird die Adresse eines der angeschlossenen Busteilnehmer angewählt, auf der Datenleitung wird die gewünschte Information übersandt. Die Steuerleitungen sind notwendig, damit die jeweils richtigen Busteilnehmer als Sender bzw. Empfänger aktiviert werden.

An dem Bussystem sind als wesentliche Busteilnehmer der Mikroprozessor und der Speicher angeschlossen. Der Speicher kann in Speicher für die Firmware und Speicher für das Anwendungsprogramm und Daten gegliedert werden.

Je nach SPS-Struktur werden die Ein- und Ausgangsbaugruppen der SPS an den gemeinsamen einzigen Bus oder – mit Hilfe einer Busschnittstelle – an einen externen E/A-Bus angeschlossen. Vor allem bei größeren modularen SPS-Systemen dürfte ein externer E/A-Bus üblich sein.

Schließlich wird ein Anschluß zu einem Programmiergerät oder einem PC benötigt, heute meist eine serielle Schnittstelle.

Als Beispiel für eine SPS ist in Bild B4.2 die FPC 101 von Festo abgebildet

Bild B4.2:
Speicherprogrammierbare Steuerung
Festo FPC 101

<table>
<tr><td valign="top">

4.2 Zentraleinheit
einer SPS

</td><td valign="top">

Die Zentraleinheit einer SPS besteht im Kern aus einem Mikrocomputer. Das Betriebssystem des SPS-Herstellers macht aus dem universellen Computer eine SPS, die speziell für die Aufgaben der Steuerungstechnik optimiert ist.

Aufbau der Zentraleinheit
Eine vereinfachte Darstellung des Mikroprozessors als dem Herzstück des Mikrocomputers findet sich in Bild B4.3.

</td></tr>
</table>

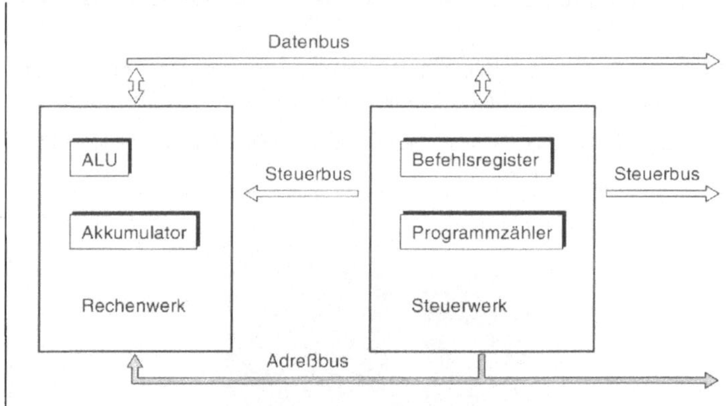

Bild B4.3:
Aufbau eines
Mikroprozessors

Der Mikroprozessor besteht im wesentlichen aus Rechenwerk, Steuerwerk sowie einer kleinen Anzahl von internen Speichereinheiten, sog. Registern.

Das **Rechenwerk** – die ALU (engl. Arithmetic Logic Unit) - hat die Aufgabe, mit den ihr übermittelten Daten arithmetische und logische Operationen durchzuführen.

Der **Akkumulator**, kurz Akku genannt, ist ein spezielles Register und der ALU direkt zugeordnet. Er speichert sowohl zu verarbeitende Daten als auch das Ergebnis einer Operation.

Das **Befehlsregister** speichert einen aus dem Programmspeicher abgerufenen Befehl, bis dieser entschlüsselt und ausgeführt wird.

Ein **Befehl** besteht aus einem Operationsteil und einem Adreßteil. Der Operationsteil gibt an, welche Verknüpfung vorzunehmen ist. Der Adreßteil legt fest, mit welchen Operanden (Eingangssignale, Merker etc.) eine Verknüpfung durchzuführen ist.

Der **Programmzähler** ist ein Register, das die Adresse des nächsten abzuarbeitenden Befehls enthält. Im nachfolgenden Abschnitt wird darauf noch näher eingegangen.

Das **Steuerwerk** regelt und steuert den gesamten logischen Ablauf der Operationen, die bei der Ausführung eines Befehls notwendig sind.

Befehlsablauf innerhalb der Zentraleinheit

Heutige konventionelle Mikrocomputersysteme arbeiten nach dem sogenannten "von-Neumann-Prinzip". Dieses Prinzip besagt, daß der Rechner Programmzeile für Programmzeile nacheinander bearbeitet. Wird dieses Prinzip grob vereinfacht, kann behauptet werden, daß jede Programmzeile des SPS-Anwendungsprogramms nacheinander bearbeitet wird.

Dies gilt völlig unabhängig davon, in welcher Programmiersprache das SPS-Programm geschrieben ist, ob als Textprogramm (Anweisungsliste) oder als grafisches Programm (Kontaktplan, Ablaufsprache). Denn aus diesen verschiedenen Darstellungsarten wird rechnerintern immer eine Reihe von Programmzeilen. Diese Programmzeilen werden nun genau eine nach der anderen bearbeitet.

Die Bearbeitung einer Programmzeile bzw. allgemein eines Befehls erfolgt im Prinzip in zwei Schritten:

- den Befehl aus dem Programmspeicher holen
- den Befehl ausführen

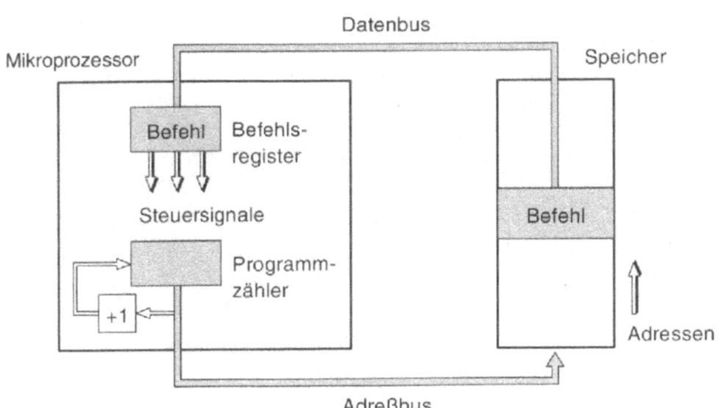

Bild B4.4:
Befehlsablauf

Der Inhalt des Programmzählers wird auf den Adreßbus gebracht. Das Steuerwerk veranlaßt nun, daß der Befehl, der sich im Programmspeicher an der angegebenen Adresse befindet, auf den Datenbus gelegt wird. Von dort wird er in das Befehlsregister eingelesen. Nach der Entschlüsselung des Befehls erzeugt das Steuerwerk eine Folge von Steuersignalen für seine Ausführung.

Während der Ausführung eines Programms werden die Befehle nacheinander geholt. Deshalb ist ein automatischer Mechanismus erforderlich, der dieses Nacheinander gewährleistet. Diese Aufgabe wird durch einen einfachen Inkrementierer, eine Weiterschaltung beim Programmzähler, erledigt.

4.3 Funktionsweise der SPS

Programme in der konventionellen Datenverarbeitung werden einmal von oben nach unten bearbeitet und sind dann fertig. Im Gegensatz hierzu wird das Programm einer SPS ständig zyklisch bearbeitet.

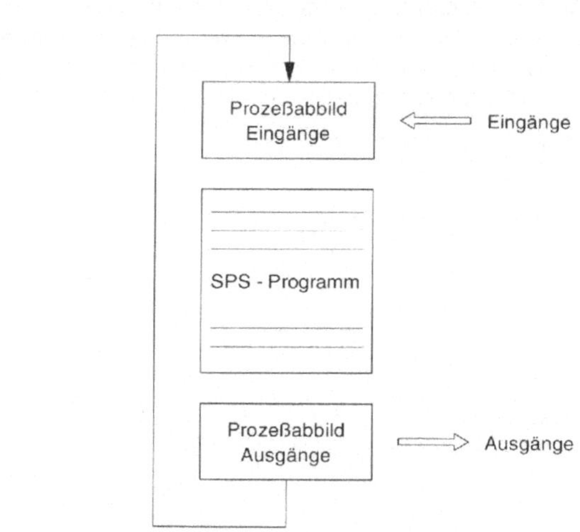

Bild B4.5:
Zyklische Bearbeitung
eines SPS-Programms

Die Merkmale der zyklischen Bearbeitung sind:

- Sobald das Programm einmal durchlaufen wurde, springt es selbstständig an den Anfang zurück und die Bearbeitung beginnt von vorn.
- Vor der Bearbeitung der ersten Programmzeile, also zu Beginn des Zyklus, wird der Zustand der Eingänge im Prozeßabbild abgelegt. Das Prozeßabbild ist ein eigener Speicherbereich, auf den während eines Zyklus zugegriffen wird. Der Zustand eines Eingangs bleibt also während eines Zyklus konstant, auch wenn er sich physikalisch geändert hat
- Analog zu den Eingängen erfolgt das Setzen oder Rücksetzen eines Ausgangs nicht sofort während eines Zyklus, sondern der Zustand wird im Prozeßabbild der Ausgänge zwischengespeichert. Erst am Ende eines Zyklus werden alle Ausgänge physikalisch entsprechend der im Speicher abgelegten logischen Zustände geschaltet.

Die Bearbeitung einer Programmzeile durch die Zentraleinheit der SPS benötigt Zeit, die je nach SPS und Operation zwischen wenigen Mikrosekunden und einigen Millisekunden liegen kann.

Die Zeit, die die SPS für das einmalige Durchlaufen des Programms inklusive Aktualisieren und Ausgeben des Prozeßabbildes benötigt, wird die Zykluszeit genannt. Der Zyklus wird länger, je länger das Programm und je länger die jeweilige SPS für die Bearbeitung einer einzelnen Programmzeile benötigt. Realistische Zeiten hierfür liegen zwischen knapp 1 bis 100 Millisekunden.

Die zyklische Bearbeitung eines SPS-Programms unter Verwendung eines Prozeßabbildes hat folgende Konsequenzen:

- Einganssignale, die kürzer als die Zykluszeit sind, werden evtl. nicht wahrgenommen.
- Zwischen dem Auftreten eines Eingangssignals und der gewünschten Reaktion eines Ausgangs auf dieses Signal kann im ungünstigsten Fall eine Verzögerung von zwei Zykluszeiten liegen.
- Da die Befehle nacheinander bearbeitet werden, kann die Reihenfolge für ein bestimmtes Verhalten eines SPS-Programms entscheidend sein.

Es gibt Anwendungen, die es erfordern, während eines Zyklus direkt auf Eingänge oder Ausgänge zuzugreifen. Diese Art der Programmbearbeitung unter Umgehung des Prozeßabbildes wird daher auch von einigen SPS-Systemen unterstützt.

**4.4 Anwendungs-
programm-
speicher**

Das speziell für den jeweiligen Anwendungsfall entwickelte Programm benötigt einen Programmspeicher, aus dem es von der Zentraleinheit zyklisch gelesen werden kann. Die Ansprüche an einen solchen Programmspeicher sind recht einfach zu formulieren:

- es soll möglichst einfach sein, das Programm mit Hilfe des Programmiergerätes bzw. des PC zu ändern oder neu zu erstellen und abzuspeichern
- es soll sichergestellt sein, daß das Programm nicht verloren geht – weder bei Spannungsausfall noch bei Störspannungen
- der Programmspeicher soll preiswert sein
- der Programmspeicher soll so schnell sein, daß die Arbeit der Zentraleinheit nicht verzögert wird.

In der Praxis werden heute drei verschiedene Speichertypen benutzt:

- RAM
- EPROM
- EEPROM

RAM

Der RAM-Speicher (engl. Random Access Memory) ist ein schneller und sehr preisgünstiger Speicher. Da der Arbeitsspeicher jedes Computers (auch der SPS) aus RAM-Speichern aufgebaut ist, werden die RAM-Speicher in so großen Stückzahlen produziert, daß sie konkurrenzlos preisgünstig sind.

RAM-Speicher sind Schreib-Lese-Speicher und sehr einfach programmierbar und änderbar.

Der Nachteil des RAM-Speichers ist, daß er flüchtig ist, das heißt das im RAM gespeicherte Programm geht bei Spannungsausfall verloren. Daher werden RAM-Speicher durch Batterie oder Akkumulator gepuffert. Da moderne Batterien Lebensdauer und Leistungen haben, die den RAM-Speicher für bis zu mehreren Jahren puffern können, ist dies relativ unproblematisch. Allerdings bleibt trotz leistungsfähiger Batterien die Notwendigkeit, die Batterie rechtzeitig zu wechseln.

EPROM

Das EPROM (engl. Erasable Programmable Read Only Memory) ist ebenfalls ein preisgünstiger und schneller Speicher, der gegenüber dem RAM zudem den Vorteil hat, nicht-flüchtig, d.h. remanent zu sein. Der Inhalt des Speichers bleibt also auch bei Spannungsausfall erhalten.

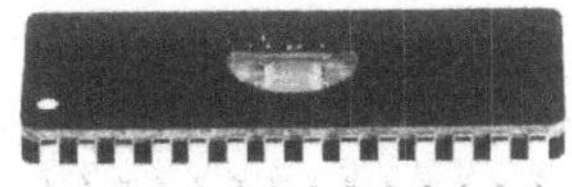

Bild B4.6:
Beispiel eines EPROM

Für eine Programmänderung allerdings muß zuerst der gesamte Speicher durch UV-Licht gelöscht und nach einer Abkühlzeit vollständig neu programmiert werden. Das Löschen erfordert meist eine spezielle Löschkammer, für das Programmieren wird ein spezielles Programmiergerät eingesetzt.

Das EPROM wird trotz dieser relativ aufwendigen Prozedur des Löschens – Abkühlens – Neuprogrammierens sehr häufig für SPS eingesetzt, weil es ein sehr sicherer und preiswerter Speicher ist. In der Praxis wird während der Programmier- und Inbetriebnahmephase einer Maschine meist ein RAM-Speicher verwendet. Nach Abschluß der Inbetriebnahme wird das Programm dann in ein EPROM übertragen.

EEPROM

Seit längerem werden EEPROM (engl. Electrically Erasable Programmable ROM), EEROM (engl. Electrically Erasable ROM) und EAROM (engl. Electrically Alterable Read Only Memory) oder auch Flash-EPROM angeboten. Vor allem das EEPROM wird als Anwendungsspeicher verstärkt in SPS eingesetzt. Das EEPROM ist ein elektrisch löschbarer Speicher, der anschließend neu beschrieben werden kann.

**4.5 Eingangs-
baugruppe**

An die Eingangsbaugruppe einer SPS werden die Sensoren ange-schlossen. Die Signale der Sensoren sollen an die Zentraleinheit wei-tergeleitet werden. Die (für die Anwendung) wesentlichen Aufgaben der Eingangsbaugruppe sind folglich:

- Sichere Signalerkennung
- Spannungsanpassung von Steuerspannung auf Logikspannung
- Schutz der empfindlichen Elektronik vor Spannungen von außen
- Entstörung der Signale

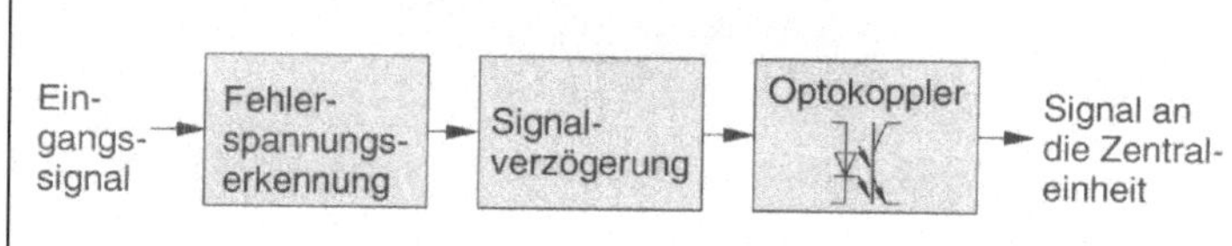

*Bild B4.7:
Blockschaltbild einer
Eingangsbaugruppe*

Das wesentliche Bauelement heutiger Eingangsbaugruppen zur Erfül-lung dieser Forderungen ist der Optokoppler.

Der Optokoppler überträgt die Information des Sensors mit Hilfe von Licht, schafft daher eine galvanische Trennung zwischen Steuer- und Logikstromkreis und **schützt** so die empfindliche Elektronik vor falschen Spannungen von außen. Moderne Optokoppler gewährleisten heute Schutz bis etwa 5 kV, was für übliche industrielle Anwendungen aus-reicht.

Die **Anpassung von Steuer- auf Logikspannung** kann im einfachen Fall von 24V Steuerspannung mit Hilfe einer Zenerdiode/Widerstands-schaltung geschehen, bei 220 V Wechselspannung wird ein Gleichrich-ter vorgeschaltet.

Die **sichere Signalerkennung** wird – je nach SPS-Hersteller – entwe-der durch einen zusätzlich nachgeschalteten Schmitt-Trigger oder durch die entsprechende Auswahl von Zenerdiode und Optokoppler gewähr-leistet. Genaue Daten zu den zu erkennenden Signalen sind in DIN 19 240 festgelegt.

Die **Entstörung** des vom Sensor kommenden Signals hat in der industriellen Automatisierungstechnik eine enorme Bedeutung. Elektrische Leitungen in der Industrie sind im allgemeinen durch induktive Störspannungen erheblich belastet, so daß eine Vielzahl von Störsignalen auf jeder Signalleitung zu erwarten sind. Nun können die Signalleitungen entweder mit Schirmen, gesonderten Kabelkanälen o.ä. aufwendig entstört werden, oder die Eingangsbaugruppe der SPS übernimmt die Entstörung durch eine Eingangssignalverzögerung.

Vom Eingangssignal wird also verlangt, daß es eine ausreichend lange Zeit ansteht, bevor es überhaupt als Eingangssignal erkannt wird. Da Störsignale aufgrund ihrer induktiven Entstehung vor allem kurzzeitige Signale sind, reicht bereits eine relativ kurze Eingangssignalverzögerung von wenigen Millisekunden, um die allermeisten Störsignale sicher auszufiltern.

Vorherrschend ist die Verwirklichung einer Eingangssignalverzögerung per Hardware, also durch das Beschalten des Eingangs mit einem RC-Baustein. In einzelnen Fällen wird aber auch per Software verzögert, was unter Umständen zu einer einstellbaren Eingangssignalverzögerung führt.

Übliche Eingangssignalverzögerungen betragen etwa 1 bis 20 Millisekunden – abhängig vom Hersteller und der jeweiligen Type. Die meisten Hersteller bieten spezielle schnelle Eingänge für Aufgaben an, bei denen die Eingangssignalverzögerung zu lange ist, um das gewünschte Signal erkennen zu können.

Beim Anschluß von Sensoren an Eingänge von SPS wird zwischen plusschaltendem und minusschaltendem Anschluß unterschieden. Anders formuliert wird zwischen Eingängen unterschieden, die eine Stromsenke oder eine Stromquelle darstellen. Entsprechend VDI 2880 wird in der Bundesrepublik im allgemeinen plusschaltend angeschlossen, da dies die Benutzung der Schutzmaßnahme Nullung ermöglicht. Plusschaltend bedeutet, daß der SPS-Eingang eine Stromsenke darstellt. Der Sensor liefert als 1-Signal die Betriebsspannung oder Steuerspannung an den Eingang.

Wird mit Schutzmaßnahme Nullung gearbeitet, wird bei einem Kurzschluß der Signalleitung die Ausgangsspannung des Sensors gegen 0 Volt kurzgeschlossen, der Sensor geht in Kurzschluß oder die Sicherung schaltet ab. Das heißt, am Eingang der SPS steht eine logische 0 an.

In manchen Ländern ist es üblich, minusschaltende Sensoren zu verwenden, d.h. die SPS-Eingänge arbeiten als Stromquelle. In diesem Fall muß eine andere Schutzmaßnahme verwendet werden, um sicherzustellen, daß bei Kurzschluß der Signalleitung kein 1-Signal am Eingang der SPS anliegt. Möglich ist die Erdung der positiven Steuerspannung oder eine Isolationsüberwachung, d.h. Schutzmaßnahme Schutzerdung.

4.6 Ausgangsbaugruppe

Ausgangsbaugruppen sollen die Signale der Zentraleinheit zu den Stellgliedern führen, die aufgabengemäß anzusteuern sind. Die Aufgabenstellung eines Ausgangs umfaßt daher – aus der Sicht der Anwendung der SPS – im wesentlichen die folgenden Punkte:

- Spannungsanpassung von Logik- auf Steuerspannung
- Schutz der empfindlichen Elektronik vor falschen Spannungen aus der Steuerung
- Leistungsverstärkung, die ausreicht, um die wesentlichen Stellglieder ansteuern zu können
- Kurzschlußschutz und Überlastungsschutz der Ausgangsbaugruppe

Bei Ausgangsbaugruppen gibt es zwei grundlegend unterschiedliche Wege, zum Ziel zu kommen: Entweder wird ein Relais benutzt oder eine Leistungselektronik.

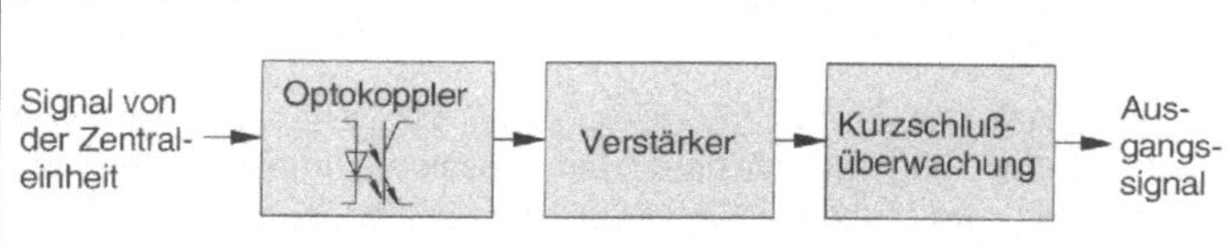

Bild B4.8:
Blockschaltbild einer
Ausgangsbaugruppe

Basis der Leistungselektronik ist wiederum der Optokoppler, der für den Schutz der Elektronik und evtl. auch bereits für die Spannungsanpassung zu sorgen hat.

Eine Schutzbeschaltung aus Dioden muß den integrierten Leistungstransistor vor induktiven Gegenspannungen schützen.

Kurzschlußschutz, **Überlastschutz** und die **Leistungsverstärkung** werden heute oft mit voll integrierten Bausteinen gewährleistet. Der übliche Kurzschlußschutz mißt den fließenden Strom über einen Leistungswiderstand, um bei Kurzschluß abzuschalten; ein Temperaturfühler sorgt für den Überlastschutz; eine Darlingtonstufe oder andere Leistungstransistorstufen sorgen für die notwendige Leistung.

Die zulässige Leistung einer Ausgangsbaugruppe wird üblicherweise so angegeben, daß zwischen der zulässigen Leistung eines Ausgangs und der zulässigen Summenleistung einer Ausgangsbaugruppe unterschieden wird. Fast immer liegt die zulässige Summenleistung einer Baugruppe erheblich unterhalb der Summe aller zulässigen Einzelleistungen, weil die Leistungstransistoren sich gegenseitig aufheizen.

Werden Relais für die Ausgänge benutzt, dann kann das Relais insgesamt fast alle Aufgaben der Ausgangsbaugruppen übernehmen: Relaiskontakt und Relaisspule sind galvanisch voneinander getrennt, das Relais stellt einen hervorragenden Leistungsverstärker dar, das Relais ist ausgesprochen überlastsicher, einzig der Kurzschlußschutz muß durch eine zusätzliche Sicherung gewährleistet werden. In der Praxis werden aber dennoch Optokoppler den Relais vorgeschaltet, weil die Ansteuerung des Relais dann einfacher wird und einfachere Relais verwendet werden können.

Relaisausgänge bieten den Vorteil, für verschiedene Ausgangsspannungen einsetzbar zu sein. Elektronische Ausgänge dagegen haben eine wesentlich höhere Schaltgeschwindigkeit und eine längere Lebensdauer als Relais. Die Leistung der in den SPS eingesetzten sehr kleinen Relais entspricht in den meisten Fällen der Leistung der Leistungsstufen elektronischer Ausgänge.

Auch Ausgänge werden in der Bundesrepublik gemäß VDI 2880 plusschaltend angeschlossen, d.h. der Ausgang stellt eine Stromquelle dar, er liefert Betriebsspannung zum Verbraucher.

Bei einem Kurzschluß der Ausgangssignalleitung gegen Masse wird der Ausgang kurzgeschlossen, wenn die übliche Schutzmaßnahme Nullung angewandt wird. Die Elektronik geht in Kurzschlußschutz oder die Sicherung schaltet ab, d.h. der Verbraucher kann keinen Strom ziehen und ist damit unbeschaltet und ungefährlich. (Der spannungslose Zustand muß gemäß DIN 0113 immer der ungefährliche Zustand sein.)

Wenn minusschaltende Ausgänge eingesetzt werden, d.h. der Ausgang eine Stromsenke darstellt, muß die Schutzmaßnahme so angepaßt werden, daß bei Kurzschluß der Signalleitung der Verbraucher unbeschaltet, also ungefährlich ist. Üblich dürften hier wieder die Schutzmaßnahme Schutzerdung mit Isolationsüberwachung oder das Nullen der positiven Steuerspannung sein.

4.7 Programmiergerät / Personal computer

Zu jeder SPS gehört ein Programmier- und Diagnosewerkzeug. Es dient zur Unterstützung von

- Programmierung
- Testen
- Inbetriebnahme
- Fehlersuche
- Programmdokumentation
- Programmspeicherung

der SPS-Anwendung.

Diese Programmier- und Diagnosewerkzeuge sind entweder herstellerspezifische Programmiergeräte oder Personalcomputer mit entsprechender Software. Heute wird fast ausschließlich die letztere Variante bevorzugt, da die enorme Leistungsfähigkeit moderner PC, ihre im Vergleich geringen Anschaffungskosten und hohe Flexibilität entscheidende Vorteile darstellen.

Für Kleinststeuerungen und für Servicezwecke werden noch sogenannte Handprogrammiergeräte entwickelt und angeboten. Mit der zunehmenden Verbreitung von LapTop-Personalcomputern, also tragbaren batteriebetriebenen PC, nimmt auch die Bedeutung der Handprogrammiergeräte weiter ab.

Prinzipielle Funktionen der zu Programmier- und Diagnosewerkzeug gehörenden Softwaresysteme
Jede Programmiersoftware nach IEC 1131-1 sollte dem Anwender eine Reihe von Funktionen zur Verfügung stellen. Die Programmiersoftware enthält damit Softwaremodule zu:

- Programmeingabe
  Erstellen und Ändern von Programmen in einer von der SPS unterstützten Programmiersprache.

- Syntaxtest
  Überprüfen des eingegebenen Programms und der eingegebenen Daten auf syntaktische Richtigkeit. Die Eingabe inkorrekter Programme wird damit auf ein Minimum reduziert.

- Übersetzer
  Umsetzung des eingegebenen Programms in ein von der SPS les- und verarbeitbares Programm. Es wird also der Maschinencode der jeweiligen SPS generiert.

- Verbindung zwischen SPS und PC
  Über diese Datenverbindung erfolgt das Laden des Programms in die SPS sowie das Ausführen von Testfunktionen.

- Testfunktionen
  Unterstützung des Anwenders beim Schreiben, der Fehlerbeseitigung und Prüfung des Anwenderprogramms durch
  - Statusüberprüfung von Ein- und Ausgängen, Zeitgebern, Zählern etc.
  - Prüfung von Programmabläufen durch Einzelschritt-Operationen, Halt-Befehle etc.
  - Simulation durch Zwangssetzen von Ein- /Ausgängen, Setzen von Konstanten etc.

- Zustandsanzeige des Steuerungssystems
  Ausgabe von Informationen über die Maschine/den Prozeß und den internen Zustand des SPS-Systems durch
  - Statusanzeige der Ein-/Ausgangssignale
  - Anzeige/Aufzeichnung von Statuswechseln externer Signale und interner Daten
  - Überwachung von Ausführungszeiten
  - Echtzeitdarstellung von Programmausführung

- Dokumentation
  Erstellen einer Beschreibung des SPS-Systems und des Anwender-
  programms. Diese besteht aus
  - Beschreibung der Hardware-Konfiguration
  - Ausdruck des Anwenderprogramms mit zugehörigen Daten und
    Bezeichnern für Signale und Kommentare
  - Querverweisliste für alle bearbeiteten Daten wie Eingänge, Aus-
    gänge, Zeitgeber etc.
  - Beschreibung der Änderungen

- Archivierung des Anwendungsprogramms
  Sicherung des Anwendungsprogramms in nichtflüchtigen Speichern
  wie EPROM etc.

Kapitel 5

Programmierung einer SPS

5.1 Systematische Lösungsfindung	Steuerprogramme sind ein wesentlicher Bestandteil eines Automatisierungssystems.

Damit Steuerprogramme möglichst

- fehlerfrei
- wartungsfreundlich
- kostengünstig

sind, müssen sie systematisch entworfen, gut strukturiert und ausführlich dokumentiert sein.

Phasenmodell der SPS-Software-Erstellung

Für die Entwicklung eines Steuerprogramms hat sich die in Bild B5.1 dargestellte Vorgehensweise bewährt. Die Gliederung in definierte Abschnitte führt zu einem gezielten, systematischen Arbeiten und liefert überschaubare, gegen die Aufgabenstellung überprüfbare Ergebnisse.

Das Phasenmodell, bestehend aus den Abschnitten

- Spezifikation: Beschreibung der Aufgabe
- Entwurf: Beschreibung der Lösung
- Realisierung: Umsetzung der Lösung
- Integration/Inbetriebnahme: Einbettung in die Umgebung und Test der Lösung

läßt sich grundsätzlich auf alle technischen Projekte anwenden. Unterschiede treten auf in den Methoden und Werkzeugen, die in den einzelnen Phasen zum Einsatz kommen.

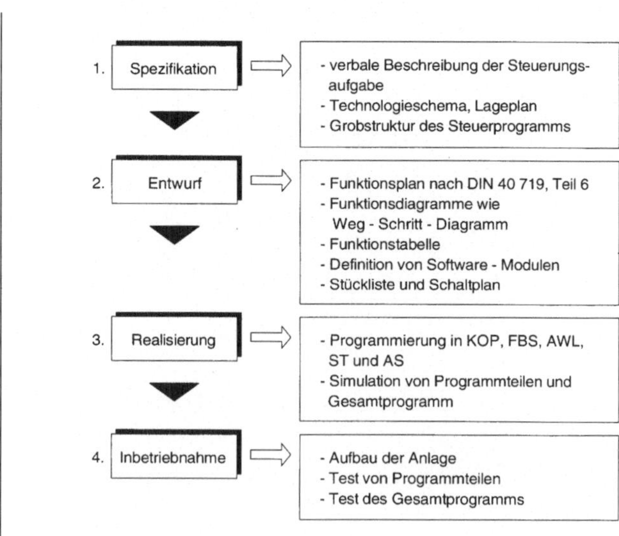

Bild B5.1:
Phasenmodell zur Erstellung der SPS-Software

Das Phasenmodell läßt sich auf Steuerprogramme unterschiedlicher Komplexität anwenden, bei umfangreichen Steuerungsaufgaben ist der Einsatz eines solchen Modells zwingend erforderlich.

Die einzelnen Phasen des Modells sind nachfolgend beschrieben.

Phase 1: Spezifikation (Formalisierung der Aufgabenstellung)
In dieser Phase wird eine präzise und detaillierte Beschreibung der Steuerungsaufgabe erstellt. Durch die eindeutige, möglichst formalisierte Beschreibung der Funktion der Steuerung werden widersprüchliche Anforderungen, mißverständliche oder lückenhafte Vorgaben aufgedeckt.

Am Ende dieser Phase liegen vor:

- verbale Beschreibung der Steuerungsaufgabe
- Technologieschema oder Lageplan
- Grobstrukturierung der Anlage bzw. des Prozesses und damit Grobstrukturierung der Lösung

Phase 2: Entwurf (Konkretisierung des Lösungskonzeptes)
Auf der Basis der in Phase 1 erfolgten Festlegungen wird ein Lösungskonzept entworfen. Das Beschreibungsmittel der Lösung soll die Funktion und das Verhalten der Steuerung grafisch, prozeßorientiert und von der technischen Realisierung unabhängig, darstellen können.

Diese Anforderungen erfüllt der in DIN 40 719, T.6 bzw. IEC 848 definierte Funktionsplan (FUP). Ausgehend von einer Darstellung der Gesamtübersicht der Steuerung (Grobstruktur der Lösung) läßt sich die Lösung schrittweise verfeinern, bis eine Beschreibungsebene erreicht ist, die alle Details der Lösung enthält (Verfeinerung der Grobstruktur).

Bei komplexen Steuerungsaufgaben erfolgt parallel hierzu eine Strukturierung der Lösung in einzelne Softwaremodule (Bausteine). Diese Softwaremodule realisieren Teilaufgaben der Steuerung. Dies können Sonderfunktionen wie z.B. Realisieren von Schnittstellen zu Visualisierungs- oder Kommunikationssystemen, oder aber auch immer wiederkehrende Teilaufgaben sein.

Neben dem Funktionsplan nach DIN 40 719, Teil 6 ist das Weg-Schritt-Diagramm ein weiteres übliches Mittel zur Beschreibung von Steuerungen.

Phase 3: Realisierung (Programmierung des Lösungskonzeptes)
Die Umsetzung des Lösungskonzeptes in ein Steuerprogramm geschieht mit den in IEC 1131-3 definierten Programmiersprachen. Diese sind: Ablaufsprache, Funktionsbausteinsprache, Kontaktplan, Anweisungsliste und Strukturierter Text.

Steuerungen, die in einem zeitlich-logischen Prozess ablaufen und in FUP nach DIN 40 719, T.6 vorliegen, lassen sich übersichtlich und mit wenig Aufwand in Ablaufsprache programmieren. Die Ablaufsprache verwendet zur Programmierung soweit möglich die gleichen Elemente, die in FUP nach DIN 40 719, T.6 zur Beschreibung eingesetzt werden.

Für die Formulierung von Grundoperationen und für einfache, durch eine Verknüpfung von booleschen Signalen beschreibbare Steuerungen eignen sich die Programmiersprachen Kontaktplan, Funktionsbausteinsprache und Anweisungsliste.

Die Hochsprache Strukturierter Text wird hauptsächlich zur Erstellung von Software-Bausteinen mit mathematischem Inhalt eingesetzt. Als Beispiel seien hier Bausteine zur Beschreibung von Regelalgorithmen genannt.

Sofern SPS-Programmiersysteme dies unterstützen, sollten erstellte Steuerprogramme oder Teile eines Programms vor der Inbetriebnahme simuliert werden. Es lassen sich so schon im Vorfeld Fehler erkennen und beheben.

Phase 4: Inbetriebnahme
(Aufbau und Test der Steuerungsaufgabe)
In dieser Phase wird das Zusammenspiel von Automatisierungssystem und angeschlossener Anlage getestet. Bei komplexen Steuerungen ist es auch hier ratsam, die Anlage schrittweise und systematisch inbetriebzunehmen. Fehler sowohl in der Anlage als auch im Steuerprogramm lassen sich bei dieser Vorgehensweise schneller finden und beheben.

Dokumentation

Wichtiger und wesentlicher Bestandteil einer Anlage ist die Dokumentation. Sie ist notwendige Voraussetzung, um eine Anlage warten und erweitern zu können. Die Dokumentation inklusive der Steuerprogramme sollte sowohl auf Papier als auch auf Datenträger verfügbar sein.

Die Dokumentation setzt sich zusammen aus den Dokumenten der einzelnen Phasen, den Ausdrucken der Steuerprogramme und evtl. noch weiteren Beschreibungen zum Steuerprogramm. Im einzelnen sind dies:

- Aufgabenbeschreibung
- Lageplan oder Technologieschema
- Schaltplan
- Klemmenanschlußplan
- Ausdrucke der Steuerprogramme in AS, FBS etc.
- Zuordnungsliste der Eingänge und Ausgänge (diese ist auch Bestandteil der Steuerprogramm-Ausdrucke)
- sonstige Dokumentation

Die IEC 1131-3 ist ein Standard zur Programmierung nicht nur einer einzelnen SPS, sondern vor allem auch von komplexeren Automatisierungssystemen. Steuerprogramme zu umfangreichen Anwendungen müssen klar strukturiert sein, damit sie verständlich, wartbar und gegebenenfalls auch portierbar, d.h. auf ein anderes SPS-System übertragbar sind.

Zusätzlich zur Festlegung der Funktionalität von elementaren Sprachbefehlen erfordert dies die Definition von Sprachelementen zur Strukturierung. Die Strukturierungsmittel (Bild B5.2) beziehen sich auf die Steuerprogramme und auf die Konfiguration des Automatisierungssystems.

5.2 Strukturierungsmittel der IEC 1131-3

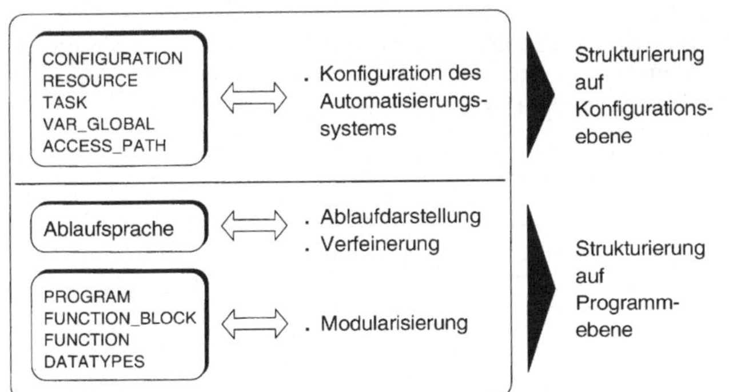

Bild B5.2:
Strukturierungsmittel der IEC 1131-3

Strukturierungsmittel auf Programmebene

Die Strukturierungsmittel Programm, Funktionsbaustein und Funktion enthalten die eigentliche Kontrollogik (Vorschriften) des Steuerprogramms. Sie werden auch als Programm-Organisationseinheiten bezeichnet. Diese Strukturierungsmittel stehen für jede Programmiersprache zur Verfügung. Sie dienen der Modularisierung des Steuerprogramms und werden teilweise vom Anwender – dies betrifft v.a. Programme und Funktionsbausteine – programmiert oder auch vom Hersteller – hier sind u.a. Funktionen und Funktionsbausteine betroffen – geliefert.

Die IEC 1131-3 definiert einen umfangreichen Satz standardisierter Funktionen und Funktionsbausteine. Sie können vom Anwender oder Hersteller um eigene Funktionen und Funktionsbausteine für spezielle oder immer wiederkehrende Aufgaben ergänzt werden.

Softwaremodule, die beliebig genutzt werden können, sind in Bibliotheken eingetragen und werden von dort zur Verfügung gestellt.

Programme sind die äußerste Programm-Organisationsschale, sie unterscheiden sich von Funktionsbausteinen im wesentlichen dadurch, daß sie von keiner anderen Programm-Organisationseinheit aufgerufen werden können.

Die Ablaufsprache stellt ein weiteres Mittel zur Strukturierung auf Programmebene dar. Mittels Ablaufsprache können die Inhalte von Programmen und Funktionsbausteinen selbst wieder übersichtlich und leicht verständlich dargestellt werden.

Strukturierungsmittel auf Konfigurationsebene

Die Sprachelemente zur Konfiguration beschreiben die Einbettung von Steuerprogrammen in das Automatisierungssystem und deren zeitliche Steuerung.

Eine Konfiguration (Sprachelement CONFIGURATION) stellt das Automatisierungssystem dar. Innerhalb der Konfiguration gibt es globale Variablen (Sprachelement VAR_GLOBAL).

Eine Resource (Sprachelement RESOURCE) entspricht einem Prozessor eines Mehrprozessorsystems. Ihr sind ein oder mehrere Programme zugeordnet. Zusätzlich besitzt sie Kontrollelemente, die die zeitliche Steuerung von Programmen beinhalten. Dieses Kontrollelement ist die Task (Sprachelement TASK). Das Kontrollelement Task legt fest, ob ein Programm zyklisch oder einmalig, ausgelöst durch ein bestimmtes Ereignis, bearbeitet wird. Programme, die nicht explizit mit einer Task verbunden sind, werden mit der niedrigsten Priorität zyklisch im Hintergrund bearbeitet.

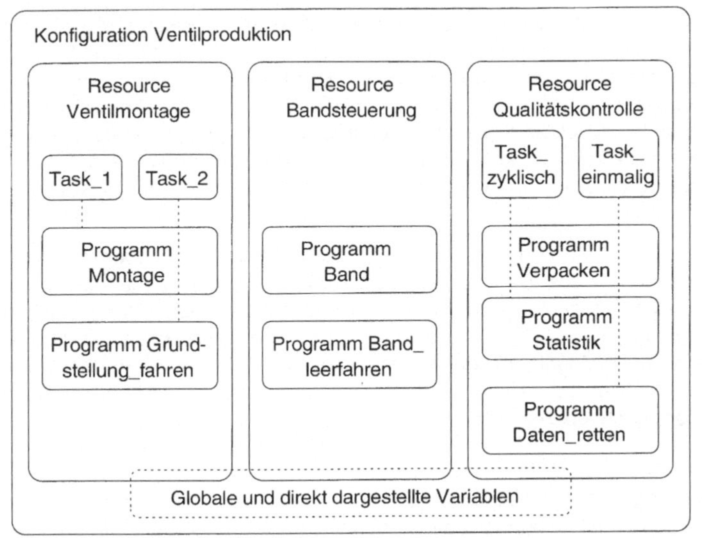

Bild B5.3:
Grafisches Beispiel
einer Konfiguration

Die Strukturierungsmittel zur Konfiguration sind in Bild B5.3 als Übersicht zusammengefaßt. Zur Erläuterung werden sie exemplarisch auf eine Automatisierungsaufgabe angewandt.

Als Aufgabe steht an, die Produktionslinie zur Montage von pneumatischen Ventilen zu entwerfen und zu automatisieren.

Für die Ventilmontage wird ein SPS-Mehrprozessorsystem mit drei Prozessorkarten vorgesehen. Die Prozessorkarten werden der Ventilmontage, der Bandsteuerung und der Qualitätskontrolle zugeordnet.

Die Programme Statistik und Daten_retten sind mit unterschiedlichen Tasks verbunden. Sie besitzen damit unterschiedliche Ausführungseigenschaften. Das Programm Statistik wertet in regelmäßigem Abstand die Qualitätsdaten aus und komprimiert diese. Die Priorität dieses Programms ist niedrig. Es wird regelmäßig, z.B. alle 20 Minuten, von der Task Task_zyklisch gestartet. Das Programm Daten_retten soll im Falle eines NOT-AUS alle verfügbaren Daten zu einem übergeordneten Zellenrechner senden, um einem eventuellen Datenverlust vorzubeugen. Dazu wird dieses Progarmm ereignisgesteuert durch das NOT-AUS-Signal mit höchster Priorität gestartet.

Für den Austausch von Daten innerhalb einer Konfiguration stellt die IEC 1131-3 definierte Methoden und damit standardisierte Schnittstellen zur Verfügung. Wird eine bestimmte Information, sprich Variable, in verschiedenen Programm-Organisationseinheiten benötigt, so wird diese Variable als globale Variable gekennzeichnet. Über eine so gekennzeichnete Variable können dann Daten ausgetauscht werden. Ein Zugriff auf globale Variablen ist nur in Programmen und Funktionsbausteinen möglich.

Interessant für vernetzte Systeme ist die Kommunikation über eine Konfiguration hinaus. Dafür stehen dem Anwender spezielle Standard-Kommunikationsbausteine zur Verfügung. Diese sind in IEC 1131-5 definiert und werden in IEC 1131-3 benutzt. Eine weitere Möglichkeit ist die Definition von Zugriffspfaden (Sprachmittel ACCESS_PATH) auf bestimmte Variablen. Diese können dann auch von anderer Stelle aus gelesen oder geschrieben werden.

5.3 Programmier- sprachen	Die IEC 1131-3 definiert fünf Programmiersprachen. Obwohl diese Sprachen sehr unterschiedliche Funktionalität und Struktur haben, werden sie von der IEC 1131-3 als eine Sprachfamilie mit übergreifenden Struktur- (Variablendeklaration, Organisationsteile wie Funktion und Funktionsbaustein etc.) und Konfigurationselementen angesehen.

Die Sprachen sind innerhalb eines SPS-Projektes beliebig mischbar. Die Vereinheitlichung und Normierung dieser fünf Sprachen stellt einen Kompromiß aus historischen, regionalen und branchenspezifischen Anforderungen dar. Eingearbeitet wurden Erweiterungen für die Zukunft (wie das Funktionsbausteinprinzip oder das Sprachmittel Strukturierter Text) und notwendige informationstechnische Belange (Datentypen etc.).

Die Sprachelemente werden anhand eines Bearbeitungsvorgangs innerhalb der Produktion von Ventilen erläutert. Über zwei Sensoren wird festgestellt, ob sich ein Werkstück mit korrekter Bohrung an der Bearbeitungsposition befindet. Ist das zu bearbeitende Ventil vom Typ A oder vom Typ B – dies wird über zwei Wahlschalter eingestellt – so fährt ein Zylinder aus und preßt die Hülse in die Bohrung ein.

Kontaktplan (KOP)

Kontaktplan ist eine grafische Programmiersprache und aus der Darstellung des Stromlaufplans von direkt verdrahteten Relaissteuerungen abgeleitet. Der Kontaktplan enthält links und rechts des Diagramms Stromschienen; verbunden sind diese Stromschienen durch Strompfade mit Schalterelementen (Schließer, Öffner) und Spulenelementen.

Bild B5.4:
Beispiel zur Sprache
Kontaktplan

Funktionsbausteinsprache (FBS)

In der Funktionsbausteinsprache werden Funktionen und Funktionsbausteine grafisch dargestellt und zu Netzwerken miteinander verknüpft. Die Funktionsbausteinsprache hat ihre Wurzeln im Logikplan für den Entwurf elektronischer Schaltkreise.

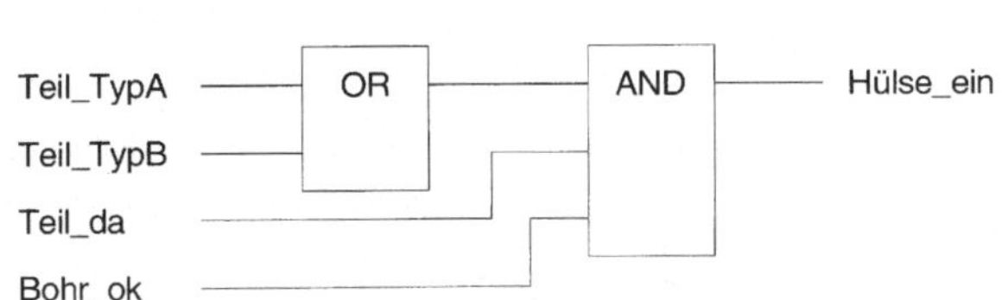

Bild B5.5:
Beispiel zur Funktionsbausteinsprache

Anweisungsliste (AWL)

Anweisungsliste ist eine textuelle assemblerähnliche Sprache und durch ein einfaches Maschinenmodell (Prozessor mit nur einem Register) gekennzeichnet. Die Anweisungsliste wird aus Steuerungsanweisungen, bestehend aus einem Operator und Operanden gebildet.

```
LD    Teil_TypA
OR    Teil_TypB
AND   Teil_da
AND   Bohr_ok
ST    Hülse_ein
```

Bild B5.6:
Beispiel zur Sprache
Anweisungsliste

Die Sprachen Kontaktplan, Funktionsbausteinsprache und Anweisungsliste sind bezüglich der Sprachphilosophie so definiert, wie sie heute in der SPS-Technik verwendet werden. Sie sind jedoch bezüglich ihrer Elemente auf Grundfunktionen beschränkt. Das unterscheidet sie im wesentlichen von den heute existierenden Firmendialekten. Ihre Leistungsfähigkeit erhalten diese Sprachen durch die uneingeschränkte Verwendung von Funktionen und Funktionsbausteinen.

Strukturierter Text (ST)

Strukturierter Text ist eine an Pascal angelehnte Hochsprache. Sie besteht aus Ausdrücken und Anweisungen. Als Anweisungen sind im wesentlichen definiert: Auswahlanweisungen wie IF...THEN...ELSE etc., Wiederholungsanweisungen wie FOR, WHILE etc. sowie Funktionsbaustein-Aufrufe.

Bild B5.7:
Beispiel zur Sprache
Strukturierter Text

```
Hülse_ein := (Teil_TypA OR Teil_TypB) AND Teil_da AND Bohr_ok;
```

Strukturierter Text ermöglicht die Formulierung vieler Anwendungsfälle, die über die reine Steuerungstechnik hinausgehen wie zum Beispiel algorithmische Probleme (hochwertige Regelalgorithmen etc.) und Datenbehandlung (Datenanalyse, Behandlung komplexer Datenstrukturen etc.).

Ablaufsprache (AS)

Ablaufsprache ist ein Sprachmittel zur Strukturierung von ablauforientierten Steuerprogrammen.

Die Elemente der Ablaufsprache sind Schritte, Transitionen, alternative und parallele Verzweigungen.

Jeder Schritt repräsentiert einen Bearbeitungszustand eines Steuerprogramms, er ist aktiv oder inaktiv. Ein Schritt besteht aus Aktionen, die, wie auch die Transitionen, in einer der IEC 1131-3-Sprachen formuliert sind. Aktionen können selbst wieder Ablaufstrukturen enthalten. Durch diese Eigenschaft ist ein hierarchischer Aufbau eines Steuerprogramms möglich. Die Ablaufsprache ist somit ein hervorragendes Werkzeug für den Entwurf und die Strukturierung von Steuerprogrammen.

Kapitel 6

Gemeinsame Elemente der Programmiersprachen

Von einem Steuerprogramm aus direkt ansprechbar sind nach IEC 1131-3 nur die Eingänge und Ausgänge und der Speicher einer Steuerung. Ein direktes Ansprechen bedeutet hier, daß im Programm unmittelbar und nicht indirekt über die Definition einer symbolischen Variablen ein Eingang, Ausgang oder Speicherelement der Steuerung beeinflußt wird. Natürlich kennt die IEC 1131-3 viele weitere Betriebsmittel, zum Beispiel Zeitgeber und Zähler. Aber sie sind in Funktionen und Funktionsbausteinen integriert, um so ein möglichst hohes Maß an Übertragbarkeit von Steuerprogrammen zwischen verschiedenen Steuerungen zu gewährleisten.

Eingänge, Ausgänge und der Speicher
Zu den wichtigsten Größen in einer Steuerung zählen die Ein- und Ausgänge und der Speicher. Nur über ihre Eingänge kann eine Steuerung von dem angeschlossenen Prozeß Informationen erfahren, nur über ihre Ausgänge kann sie auf ihn Einfluß nehmen und nur in Speichern kann sie Informationen zur späteren Weiterverarbeitung ablegen.

Die Bezeichnungen für die Betriebsmittel Eingänge, Ausgänge und Speicherelemente werden durch die IEC 1131-3 bindend festgelegt.

*Bild B6.1:
Bezeichnungen für
Eingänge, Ausgänge
und Merker*

Eingänge	I
Ausgänge	Q
Merker	M

Diese bezeichnen ohne weitere Angaben nur binäre Ein- oder Ausgänge und Speicherelemente von einem Bit Umfang, im deutschen Sprachgebrauch auch weiterhin als Merker bezeichnet.

Die Norm spricht hier allgemein von direkt dargestellten Variablen. Es sind dies Variablen, die einen direkten Bezug zu den hardwaremäßig vorhandenen Eingängen, Ausgängen und Speicherelementen der Steuerung besitzen. Die Zuordnung von Eingängen, Ausgängen und Merker und deren physikalischer oder logischer Lage in der Steuerung wird durch den jeweiligen Steuerungshersteller festgelegt.

Sofern die Steuerung dies unterstützt, sind solche direkt ansprechbaren Betriebsmittel auch über mehr als ein Bit definiert. Zur Beschreibung verwendet die IEC 1131-3 einen weiteren Buchstaben, der hinter die Abkürzung I, Q oder M tritt und zum Beispiel Bytes und Worte kennzeichnet.

Die IEC 1131-3 sieht u.a. die in Bild B6.2 aufgeführten Datentypen in Verbindung mit Ein-, Ausgängen und Merkern vor.

BOOL	Bitfolge der Länge 1
BYTE	Bitfolge der Länge 8
WORD	Bitfolge der Länge 16

Bild B6.2:
Datentypen

1-Bit-Größen, wie sie durch den Datentyp BOOL (engl. boolean) definiert sind, können nur die Werte 0 oder 1 annehmen. Demzufolge besteht der Wertebereich des Datentyps BOOL aus den beiden Werten 0 und 1.

Im Gegensatz hierzu ist zu beachten, daß mit den Bitfolge-Datentypen, bestehend aus mehr als einem Bit, kein Wertebereich unmittelbar verbunden ist. Alle Bitfolge-Datentypen wie zum Beispiel BYTE und WORD sind nur die Zusammenfassung von mehreren Bits. Jedes dieser Bits hat den Wert 0 oder 1, aber ihre Zusammenfassung besitzt keinen eigenen Wert.

Die verbindlichen Bezeichnungsweisen für Eingänge, Ausgänge und Merker unterschiedlicher Bit-Breite sind in Bild B6.3 dargestellt.

I, Q, M oder IX, QX, MX	Eingangsbit, Ausgangsbit, Merkerbit	1 Bit
IB, QB, MB	Eingangsbyte, Ausgangsbyte, Merkerbyte	8 Bit
IW, QW, MW	Eingangswort, Ausgangswort, Merkerwort	16 Bit

Bild B6.3:
Bezeichnungen für Eingänge, Ausgänge und Merker

Ein einzelnes Bit eines Eingangs, Ausgangs oder Merkers darf auch ohne die zusätzliche Abkürzung X für den Datentyp angesprochen werden.

Da eine Steuerung immer über eine größere Zahl von Ein- und Ausgängen und Merkern verfügt, müssen diese zur Unterscheidung besonders gekennzeichnet werden. Hierfür wird in der IEC 1131-3 eine Numerierung verwendet. Es sind beispielsweise:

I1	Eingang 1
IX9	Eingang 9
I15	Eingang 15
QW3	Ausgangswort 3
MB5	Merkerbyte 5
MX2	Merker 2

Die IEC 1131-3 legt nicht fest, welcher Zahlenbereich für diese Numerierung zulässig ist und ob sie mit 0 oder 1 zu beginnen hat. Dies wird durch den Steuerungshersteller festgelegt.

Soweit die jeweils eingesetzte Steuerung dafür vorbereitet ist, dürfen auch hierarchische Numerierungen der Ein- und Ausgänge und der Merker verwendet werden.

Zur Abtrennung der einzelnen Ebenen der Hierarchie wird der Punkt verwendet. Die Anzahl der Hierarchieebenen ist nicht festgelegt.

Bei der hierarchischen Numerierung muß die höchste Ebene in der links stehenden Zahl kodiert sein, die weiter rechts erscheinenden Zahlen sind aufeinanderfolgende niedere Ebenen.

Beispiel   ▪ I3.8.5

Der angegebene Eingang I3.8.5 kann damit folgendermaßen verstanden werden:

```
Eingang

        im Einschub Nr. 3

              auf der Karte Nr. 8

                        als Eingang Nr. 5

    I        3.        8.        5
```

Bild B6.4:
Aufbau hierarchischer
Bezeichnungen

Über die Zuordnung einzelner Bits in einem BYTE oder WORD macht die IEC 1131-3 keine Aussage. Vielfach werden von Steuerungsherstellern hierarchische Bezeichnungsmethoden gewählt, um einzelne Bits als Teile von Worten zuzuordnen. So könnte etwa M6.2 das Bit Nummer 2 des Merkerwortes Nummer 6 bedeuten. Aber das muß nicht so sein, ebenso könnten das Merkerbit M6.2 und das Merkerwort MW6 keinerlei Beziehung zueinander haben. Ferner ist nicht festgelegt, ob die Numerierung einzelner Bits in einem Wort links oder rechts beginnen soll (Bit-Nummer 0 ganz rechts war bisher der häufigste Fall).

Direkt adressierte Variablen
Wird ein Betriebsmittel in einem Steuerprogramm direkt angesprochen, so muß der Betriebsmittelbezeichnung das Zeichen % vorangestellt werden.

Beispiele direkt adressierter Variablen:

%IX12 oder %I12	Eingangsbit 12
%IW5	Eingangswort 5
%QB8	Ausgangsbyte 8
%MW27	Merkerwort 27

Der Gebrauch von direkt adressierten Variablen ist nur in Programmen, Konfigurationen und Resourcen erlaubt.

Die Programm-Organisationseinheiten Funktion und Funktionsbaustein sollen auschließlich mit symbolischen Variablen arbeiten, um sie möglichst steuerungsunabhängig und damit mehrfach verwendbar zu halten.

6.2 Variablen und Datentypen

Für die Erstellung von Steuerprogrammen ist die Verwendung von ausschließlich direkt dargestellten Variablen (Betriebsmittel Eingänge, Ausgänge und Merker) nicht ausreichend. Häufig werden Daten benötigt, die eine bestimmte Information, auch komplexerer Art, beinhalten. Diese Daten können direkt, wie z. B. Zeitangaben oder Zählwerte, angegeben werden oder nur über Variablen – also über eine symbolische Bezeichnung – zugänglich sein. Die wesentlichen Festlegungen zum Umgang mit Daten bzw. Variablen sind nachfolgend dargestellt.

Symbolische Adressierung

Ein symbolischer Bezeichner (engl. identifier) besteht immer aus großen oder kleinen Buchstaben, Ziffern und dem Unterstrich. Beginnen muß ein Bezeichner mit einem Buchstaben oder dem Unterstrich. Der Unterstrich kann auch dazu genutzt werden, einen Bezeichner leichter lesbar zu machen. Er ist aber ein Zeichen, das signifikant ist. Die beiden Bezeichner Motor_ein und Motorein sind also verschieden. Mehrfache Unterstriche sind nicht zulässig. Werden von der Steuerung Groß- und Kleinbuchstaben unterstützt, so darf die Groß-/Kleinschreibung nicht signifikant sein. Die beiden Bezeichner MOTOREIN und Motorein werden gleich interpretiert und bezeichnen dasselbe Objekt.

Unzulässig sind folgende Bezeichner:

123	Name beginnt nicht mit einem Buchstaben
Taste_?	Das letzte Zeichen ist unzulässig, da es weder ein Buchstabe noch eine Ziffer ist

Ferner dürfen symbolische Bezeichner nicht identisch mit Schlüsselwörtern sein. Schlüsselwörter sind in der Norm für bestimmte Aufgaben reservierte Wörter.

Darstellung von Daten

Innerhalb eines Steuerprogramms muß die Angabe von Zeitwerten, Zählwerten etc. möglich sein.

Demzufolge trifft die IEC 1131-3 Festlegungen zur Darstellung von Daten für die Angabe von

- Zahlwerten
- Zeiten
- Zeichenketten

Beschreibung	Beispiele	
Ganze Zahlen	12, -8, 123_456*, +75	
Gleitpunkt-Zahlen	-12.0, -8.0, 0.123_4*	
Zahlen zur Basis 2 (Dualzahlen)	2#1111_1111 2#1101_0011	(255 dezimal) (211 dezimal
Zahlen zur Basis 8 (Oktalzahlen)	8#377 8#323	(255 dezimal) (211 dezimal
Zahlen zur Basis 16 (Hexadezimalzahlen)	16#FF oder 16#ff 16#D3 oder 16#d3	(255 dezimal) (211 dezimal
Boolesche Null und Eins	0, 1	

* Die Verwendung einzelner Unterstriche zwischen den Ziffern zur besseren
Lesbarkeit ist erlaubt. Der Unterstrich ist jedoch nicht signifikant.

Tabelle B6.1:
Darstellung
numerischer Daten

Die IEC 1131-3 sieht unterschiedliche Arten von Zeitangaben vor:

- Zeitdauer, z. B. zum Messen eines Ereignisses
- Datum
- Tageszeit, z. B. zur Synchronisation von Beginn oder Ende eines Ereignisses (auch in Verbindung mit Datum)

Beschreibung	Beispiele
Zeitdauer	T#18ms, t#3m4s, t#3.5s t#6h_20m_8s TIME#18ms
Datum	D#1994-07-21 DATE#1994-07-21
Tageszeit	TOD#13:18:42.55 TIME_OF_DAY#13:18:42.55
Datum und Zeit	DT#1994-07-21-13:18:42.55 DATE_AND_TIME#1994-07-21-13:18:42.55

Tabelle B6.2:
Darstellung von Zeitdaten

Die Angabe einer Zeitdauer besteht aus einem einleitenden Teil, dem
Schlüsselwort T# oder t#, und einer Folge von zeitlichen Anteilen – das
sind Tage, Stunden, Minuten, Sekunden und Millisekunden.

Abkürzungen für Zeitangaben:

d	Tage (engl. day)
h	Stunden (engl. hour)
m	Minuten (engl. minute)
s	Sekunden (engl. second)
ms	Millisekunde (engl. millisecond)

Statt kleiner Buchstaben dürfen auch große verwendet werden und zur besseren Lesbarkeit können einzelne Unterstriche eingefügt werden.

Auch für die Angabe eines Datums, einer Tageszeit oder einer Kombination aus beiden ist durch die IEC 1131-3 ein festes Format vorgegeben. Jede Angabe beginnt mit einem Schlüsselwort, die Darstellung der eigentlichen Information erfolgt wie in Tabelle B6.2 gezeigt.

Eine weitere wichtige Darstellungsart von Daten sind Zeichenfolgen oder auch Zeichenketten genannt. Sie können erforderlich sein für den Austausch von Informationen z. B. zwischen verschiedenen Steuerungen, mit anderen Komponenten eines Automatisierungssystems oder auch für die Programmierung von Texten zur Anzeige auf Bedien- und Anzeigegeräten.

Eine Zeichenfolge besteht aus null oder mehreren Zeichen, die durch ein einfaches Hochkomma eingeleitet und beendet wird.

Beispiel	Beschreibung
'B'	Zeichenkette der Länge 1, die das Zeichen B enthält
'Warnung'	Zeichenkette der Länge 7, die die Zeichenkette Warnung enthält
''	leere Zeichenkette

Tabelle B6.3: Darstellung von Zeichenketten

Datentypen
Die IEC 1131-3 definiert eine Vielzahl von Datentypen für unterschiedliche Aufgaben. Ein solcher Datentyp, BOOL, wurde bereits erwähnt. Eine Variable vom Typ BOOL hat entweder den Wert 0 oder 1.

Schlüsselwort	Datentyp	Wertebereich
BOOL	boolesche Zahl	0, 1
SINT	kurze ganze Zahl	0 bis 255
INT	ganze Zahl	-32 768 bis +32 767
DINT	doppelte ganze Zahl	-2 147 483 648 bis +2 147 483 647
UINT	vorzeichenlose ganze Zahl	0 bis 65 535
REAL	Gleitpunkt-Zahl	+/-2.9E-39 bis +/-3.4E+38
TIME	Zeitdauer	implementierungsabhängig
STRING	variabel lange Zeichenfolge	implementierungsabhängig
BYTE	Bitfolge 8	kein Wertebereich angebbar
WORD	Bitfolge 16	kein Wertebereich angebbar

Tabelle B6.4:
Einige elementare
Datentypen

Zwei andere wichtige Datentypen mit den Namen INT und UINT definieren ganze Zahlen. Variablen mit dem Datentyp INT (engl. integer) erlauben Zahlenwerte von -32 768 bis +32 767. Der Wertebereich des Datentyp INT erstreckt sich also über negative und positive Zahlen. Variablen vom Typ UINT (engl. unsigned integer) erlauben nur positive Werte. Der Wertebereich von UINT reicht von 0 bis 65 535. SINT (engl. short integer) und DINT (engl. double integer) sind weitere Datentypen, die ganze Zahlen definieren. Sie besitzen jedoch einen kleineren bzw. größeren Wertebereich als der Datentyp INT. Der Datentyp REAL (engl. real) enthält Gleitpunkt-Zahlen. Das sind Zahlen, die Nachkommastellen enthalten können, wie z.B. 3.24 oder -1.5. Zur Angabe von Zeiten gibt es den Datentyp TIME (engl. time), der eine Zeitdauer enthalten kann, z.B. 2 Minuten und 30 Sekunden.

Neben diesen elementaren vordefinierten Datentypen hat der Anwender die Möglichkeit, eigene Datentypen zu definieren. Dies ist hilfreich, wenn die Aufgabenstellung über die reine Steuerungstechnik hinausgeht.

Abgeleitete Datentypen werden innerhalb eines Konstruktes TYPE...END_TYPE deklariert. Für den Aufzählungstyp Farbe aus Tabelle B6.5 ist die vollständige Deklaration nachfolgend aufgeführt:

```
TYPE
        Farbe: (ROT, BLAU, GELB, SCHWARZ);
END_TYPE
```

Abgeleiteter Datentyp	Deklaration *TYPE ... END_TYPE*
Aufzählungstyp	Farbe: (ROT, BLAU, GELB, SCHWARZ);
Unterbereichstyp	Soll_Bereich: INT(80..110);
Felder	Position: ARRAY[1..10] OF REAL;
Strukturen	Koordinate: STRUCT X:REAL; Y:REAL; END_STRUCT;

Tabelle B6.5:
Abgeleitete Datentypen

Die Bedeutung der einzelnen Datentypen aus Tabelle B6.5 ist nachfolgend kurz erläutert:

- Ein Datenelement vom Typ Farbe kann nur einen der Werte ROT, BLAU, GELB oder SCHWARZ annehmen.
- Ein Datenelement des Datentyps Soll_Bereich kann nur Werte zwischen 80 und 110, einschließlich der Unter- und Obergrenze 80 bzw. 110, annehmen.
- Ein Datenelement vom Typ Position stellt eine Liste mit 10 Einträgen dar. Jeder Eintrag hat den Wert einer REAL-Zahl. Auf die einzelnen Einträge kann per Index zugegriffen werden.
- Ein Datenelement vom Typ Koordinate enthält zwei REAL-Zahlen, auf die über ihre Namen X und Y zugegriffen werden kann.

Nicht jede Steuerung muß alle diese Datentypen kennen. Jeder Hersteller einer Steuerung wird einen Satz von Datentypen zusammenstellen, der in der Steuerung verwendet werden darf.

Variablendeklaration

Bei Verwendung von Daten müssen die Zugriffsrechte auf diese Daten genau festgelegt werden. Hierzu bedient sich die IEC 1131-3 einer Variablendeklaration.

Zum Verständnis der Funktion der Variablendeklaration muß man sich zunächst vergegenwärtigen, daß ein Programm einer Steuerung in einzelne Organisationsteile (engl. organization unit) gegliedert ist.

Solche Teile sind:

- Konfiguration
- Resource
- Programme
- Funktionsbausteine
- Funktionen

Alle Variablen haben hier eine bestimmte Lage. Für die Programmiersprachen in Textform (AWL und ST) erfolgen die Variablendeklarationen etwa so, wie man es in der Programmiersprache Pascal gewöhnt ist. Für die grafischen Darstellungsformen wäre auch eine tabellarische Form mit gleichwertigem Inhalt denkbar. In der IEC 1131-3 wird diese jedoch nicht angegeben.

Alle Variablendeklarationen (Bild B6.5) beginnen immer mit einem Schlüsselwort, das die Lage der Variablen in den Organisationseinheiten der Steuerung kennzeichnet, und enden mit dem Schlüsselwort END_VAR.

```
VAR
    Temp     : INT;     (*Temperatur                    *)
    Hand     : BOOL;    (*Merker für Handbetrieb         *)
    Voll, Auf : BOOL;    (*Merker für "voll" und "auf"    *)
END_VAR
```

Bild B6.5:
Variablendeklaration

Zwischen diesen beiden Schlüsselwörtern werden die Variablen und ihre Zuordnung zu einem Datentyp eingetragen. Hierzu gibt man den oder die symbolischen Bezeichner der Variablen an, nennt den Datentyp hinter einem Doppelpunkt und schließt die Deklaration mit einem Semikolon ab. Werden mehrere Variablen deklariert, so erfolgt dies entsprechend oft. Normalerweise wird dabei jede Deklaration in eine eigene Zeile geschrieben.

Die IEC 1131-3 unterscheidet sechs verschiedene Arten von Zugriffen auf Variablen. Für jeden Typ gibt es ein Schlüsselwort, mit dem die Variablendeklaration eingeleitet wird.

Eingangsvariablen	VAR_INPUT
Ausgangsvariablen	VAR_OUTPUT
Ein-/ Ausgangsvariablen	VAR_IN_OUT
lokale Variablen	VAR
globale Variablen	VAR_GLOBAL
externe Variablen	VAR_EXTERN

Tabelle B6.6:
Schlüsselwörter zur Dekla-
ration von Variablen

Eingangsvariablen werden mit den Schlüsselwörtern VAR_INPUT und END_VAR deklariert.

Bild B6.6:
Deklaration einer
Eingangsvariablen

```
VAR_INPUT
    Eingabe   : INT;      (*Eingabewert                              *)
END_VAR
```

Variablen, die auf diese Weise angegeben werden, sind Eingangswerte, die einem Organisationsteil, z.B. einem Funktionsbaustein, von außen zugeführt werden. Sie können innerhalb des Organisationsteils nur gelesen werden.

Eine Veränderung ist nicht möglich.

Analog hierzu werden Ausgangsvariablen mit den Schlüsselwörtern VAR_OUTPUT und END_VAR definiert.

Bild B6.7:
Deklaration einer
Ausgangsvariablen

```
VAR_OUTPUT
    Resultat   : INT;      (*Rückgabewert                            *)
END_VAR
```

Die Daten, die ein Organisationsteil berechnet und nach außen zurückliefert, sind wie oben deklariert.

Alle Ergebnisse eines Organisationsteils sind über so deklarierte Variablen aus dem Organisationsteil hinaus zu übertragen. Innerhalb des Organisationsteils können sie gelesen und geschrieben werden. Von außenhalb ist nur ein lesender Zugriff erlaubt.

Falls es Variablen geben soll, die Eingangswerte und Ausgangswerte enthalten dürfen, so müssen sie mit den Schlüsselwörtern VAR_IN_OUT und END_VAR erzeugt werden.

```
VAR_IN_OUT
    Wert     : INT;
END_VAR
```

Bild B6.8:
Deklaration einer Ein-/Aus-
gangsvariablen

Diese Form stellt eine dritte Möglichkeit dar. Sie erlaubt es, Variablen zu deklarieren, die innerhalb des Organisationsteiles gelesen und verändert werden dürfen.

Bei einer als VAR_IN_OUT deklarierten Variablen wird erwartet, daß über sie sowohl Werte in ein Organisationsteil hinein als auch aus ihm heraus geliefert werden.

Oft werden für Zwischenergebnisse Variablen benötigt, die nach außen hin unbekannt sein sollen. Solche lokal genannten Variablen werden mit VAR eingeleitet und mit END_VAR abgeschlossen.

```
VAR
    Z        : INT; (*Zwischenergebnis                          *)
END_VAR
```

Bild B6.9:
Deklaration einer lokalen
Variablen

Die hierin angegebenen Variablen sind lokal in einem Organisationsteil. Sie können nur in diesem benutzt werden. In allen anderen Organisationsteilen sind sie unbekannt und daher auch unzugänglich.

Eine typische Anwendung sind Speicherplätze für Zwischenergebnisse, die an keiner anderen Stelle des Programms von Interesse sind. Man beachte für diese lokalen Variablen, daß es sie auch mehrfach in verschiedenen Organisationsteilen geben kann. So können z.B. mehrere Funktionsbausteine eine lokale Variable Z deklarieren. Diese lokalen Variablen haben nichts miteinander zu tun. Sie sind voneinander verschieden.

Eine Variable kann auch global deklariert sein. Sie ist dann von überall her zugänglich. Die erforderliche Deklaration wird auf ähnliche Weise vorgenommen, indem man die Schlüsselwörter VAR_GLOBAL und VAR_EXTERNAL benutzt.

```
VAR_GLOBAL
    Globaler_Wert: INT;
END_VAR
```

Hiermit werden alle globalen Daten für ein Steuerprogramm deklariert. Sie sind von überall her zugänglich. Diese Deklaration ist nur in der Konfiguration und Resource zu finden.


```
VAR_EXTERNAL
    Globaler_Wert: INT;
END_VAR
```

Um einem Organisationsteil den Zugang zu den globalen Daten zu ermöglichen, ist diese Deklaration in das Organisationsteil aufzunehmen.

Ohne oben dargestellte Deklaration wäre ein Zugriff auf globale Daten unzulässig.

Durch diesen sehr strengen Deklarationsteil für alle Variablen ist eindeutig festgelegt, welche Variablen eine Organisationseinheit kennt und was sie mit ihnen tun darf. Zum Beispiel darf ein Funktionsbaustein seine Eingangsvariablen zwar lesen, aber nicht verändern, und ein Programm, das einen Funktionsbaustein benutzt, darf dessen Ausgangsgrößen nur lesen, aber nicht verändern.

Zur Zuordnung der Variablen zu den Ein- und Ausgängen der Steuerung wird das Schlüsselwort AT (engl. für, auf) verwendet.


```
VAR
    Halt_Taste AT %I2.3: BOOL;
    Temperatur AT %IW3: INT;
END_VAR
```

Deklarationen in dieser Form sind die beste Stelle, um die Bedeutung aller Ein- und Ausgänge der Steuerung zu definieren. Ändert sich etwas in der Anlage und ihrem Anschluß an die Steuerung, so müssen nur diese Deklarationen geändert werden. Alle Verwendungen der Halt_Taste und der Temperatur innerhalb eines bestehenden Programms bleiben hiervon unberührt.

Es ist jedoch nach IEC 1131-3 trotzdem möglich, direkt adressierte Variablen ohne Zuordnung zu einem symbolischen Bezeichner zu verwenden. Die Deklaration besitzt dann folgendes Aussehen:

```
VAR
    AT %I4.2    : BOOL;
    AT %MW1     : WORD;
END_VAR
```

Initialisierung

Sehr oft ist es erforderlich, einer Variablen einen ersten Wert zu geben. Während der Bearbeitung eines Programms mag sich dieser Wert oftmals ändern, aber beim Start des Programms sei er festgelegt.

Solche Anfangszustände sind auch für viele andere Daten wichtig. Die Angabe von solchen Anfangswerten erfolgt gemeinsam mit der Deklaration der Variablen. Es soll eine globale Variable namens Dutzend deklariert werden, die beim Start des Programms den Wert 12 besitzt.

```
VAR_GLOBAL
    Dutzend     : INT := 12;
END_VAR
```

Bild B6.13:
Deklaration einer globalen
Variablen mit Anfangswert

Wie das Beispiel hier zeigt, wird der Initialisierungswert immer zwischen dem Datentyp – hier INT – und dem abschließenden Semikolon eingefügt. Die Angabe des Initialisierungswertes erfordert immer das vorangestellte Zeichen :=.

Auf diese Weise kann jeder Variablen ein spezieller Anfangswert zugewiesen werden. Grundsätzlich besitzen Variablen bei Programmstart immer einen definierten Anfangswert. Dies ist möglich durch die in IEC 1131-3 festgelegte Eigenschaft, daß schon Datentypen einen voreingestellten Wert besitzen. Damit wird jede Variable – sofern im Programm nicht anders vereinbart – mit dem Startwert des zugehörigen Datentyps vorbelegt. Eine Zusammenstellung der Anfangswerte einiger elementarer Datentypen findet sich in Tabelle B6.7.

Datentyp	Anfangswert
BOOL, SINT, INT, DINT	0
UINT	0
BYTE, WORD	0
REAL	0.0
TIME	T#0s
STRING	" (leere Zeichenfolge)

Tabelle B6.7:
Voreingestellte
Anfangswerte

<table>
<tr><td valign="top">

6.3 *Programm-Organi-*
sationseinheiten

</td><td valign="top">

Ein Programm für eine Steuerung ist in einzelne Organisationsteile gegliedert. Auf Programmebene sind dies:

- Programme
- Funktionsbausteine
- Funktionen

Diese Programm-Organisationseinheiten (engl. program organization unit) stehen in allen Programmiersprachen zur Verfügung.

Für typische Steuerungsaufgaben ist durch die IEC 1131-3 eine Vielzahl standardisierter Funktionen und Funktionsbausteine definiert. Neben diesen vorgegebenen Funktionen und Funktionsbausteinen erlaubt es die IEC 1131-3, eigene Funktionen und Funktionsbausteine zu definieren. Hersteller oder Anwender können so für eine Aufgabenstellung maßgeschneiderte Softwarebausteine liefern.

Funktionen
Funktionen (engl. function) sind Softwaremodule, die bei ihrem Aufruf genau ein Ergebnis (Datenelement) liefern. Aus diesem Grund kann in einer Textsprache der Aufruf einer Funktion als ein Operand in einem Ausdruck benutzt werden.

Funktionen können keine Zustandsinformationen halten. Dies bedeutet, daß der Aufruf einer Funktion mit denselben Argumenten (Eingangsparametern) dasselbe Ergebnis liefern muß.

Beispiele für Funktionen sind die Addition von INT-Werten oder die logische ODER-Funktion.

Funktionen und ihr Aufruf können entweder grafisch oder in Textform dargestellt werden.

</td></tr>
</table>

Bild B6.14:
Grafische Darstellung
einer Funktion

Grafisch wird eine Funktion durch ein Rechteck dargestellt. Auf der linken Seite sind alle Eingangsparameter angetragen, auf der rechten Seite erscheint der Ausgangsparameter. Innerhalb des Rechtecks ist der Funktionsname eingetragen. An den Rändern innerhalb des Rechtecks können formale Eingangsparameternamen angegeben werden. Bei einigen Gruppen von Funktionen, als Beispiel seien die Bit-Schiebe-Funktionen (Bild B6.15b) erwähnt, ist dies erforderlich. Bei Funktionen mit gleichartigen Eingängen, wie dies z. B. für die ADD-Funktion (Bild B6.15a) zutrifft, sind keine Formalparameternamen notwendig.

```
VAR
        AT %QW4 : INT;
        AT %IW9  : INT;
        AT %IW7  : INT;
        AT %MW1 : INT;
END_VAR
```

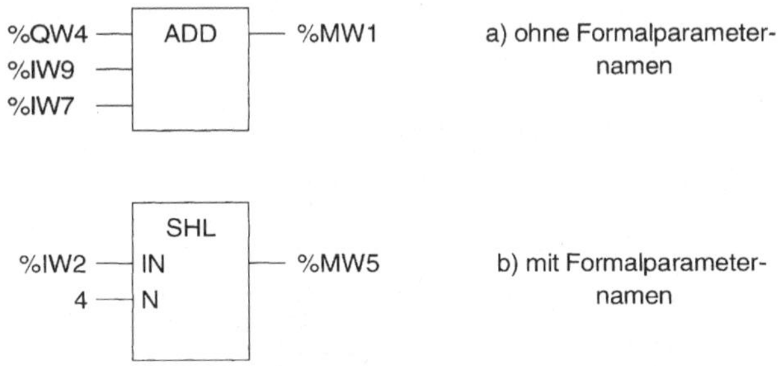

a) ohne Formalparameternamen

b) mit Formalparameternamen

Bild B6.15:
Gebrauch von Formalparametern bei Funktionen

Boolesche Ein- oder Ausgänge einer Funktion können negiert werden. Dies geschieht durch Angabe eines Kreises direkt außerhalb des Rechtecks (Bild B6.16)

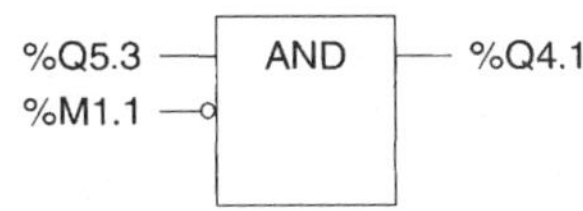

Bild B6.16:
Darstellung von booleschen Negationen

Wird eine Funktion aufgerufen, so müssen ihre Eingänge und der Funktionsausgang verbunden sein.

Die in Bild B6.15a dargestellte ADD-Funktion verarbeitet INT-Werte. Hierzu sind die verwendeten direkt adressierten Variablen wie %QW4 etc. als Variablen vom Datentyp INT deklariert. Ebenso könnte die ADD-Funktion auf Zahlenwerte vom Typ SINT oder REAL angewendet werden.

Solche Funktionen, die auf Eingangsparametern unterschiedlichen Datentyps arbeiten, bezeichnet die IEC 1131-3 als überladene (engl. overloaded), typunabhängige Funktionen. In Bild B6.17 ist das Merkmal der überladenen Funktion am Beispiel der ADD-Funktion veranschaulicht.

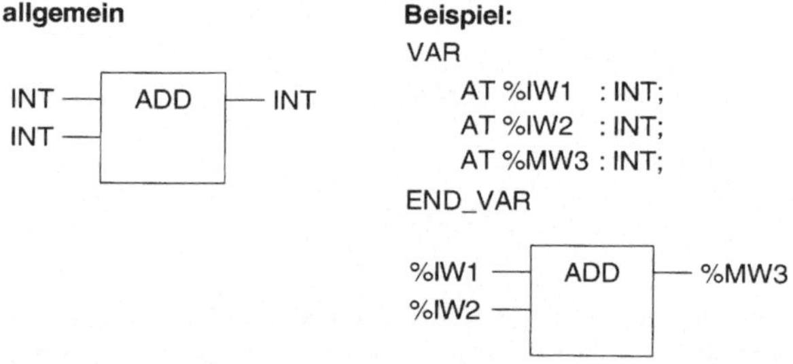

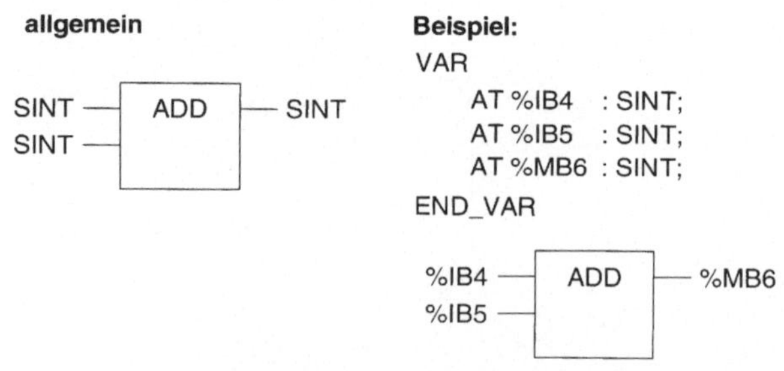

Bild B6.17:
Überladene, typunabhängige Funktion

Wird eine überladene Funktion durch eine Steuerung auf einen bestimmten Datentyp beschränkt – wie in Bild B6.18 sei dies der Datentyp INT – so spricht man von einer typisierten (engl. typed) Funktion. Typisierte Funktionen sind am Funktionsnamen erkennbar. Die Typisierung ist durch Anfügen des Unterstrichs, gefolgt vom gewünschten Typ, kenntlich gemacht.

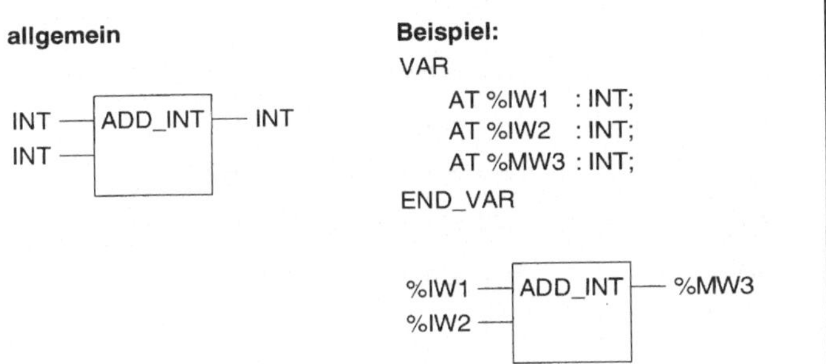

Bild B6.18:
Typisierte Funktion

Standard-Funktionen
Nachfolgend sind die wichtigsten Standard-Funktionen zur Realisierung steuerungstechnischer Grundaufgaben dargestellt.

Da eine Vielzahl der Standard-Funktionen auf Eingangsparametern unterschiedlichen Datentyps arbeiten können, werden die Datentypen in Gruppen zusammengefaßt. Jede Gruppe erhält einen übergeordneten allgemeinen (engl. generic) Datentyp. Die wichtigsten allgemeinen Datentypen sind in Tabelle B6.8 zusammengestellt.

ANY_NUM	alle Datentypen für Gleitpunktzahlen wie REAL und für ganze Zahlen wie INT, UINT etc., umfaßt ANY_REAL und ANY_INT.
ANY_INT	alle Datentypen für ganze Zahlen wie INT, UINT etc.
ANY_REAL	alle Datentypen, die Gleitpunktzahlen definieren wie REAL oder LREAL
ANY_BIT	alle Bitfolge Datentypen wie BOOL, BYTE, WORD etc.

Tabelle B6.8:
Allgemeine Datentypen

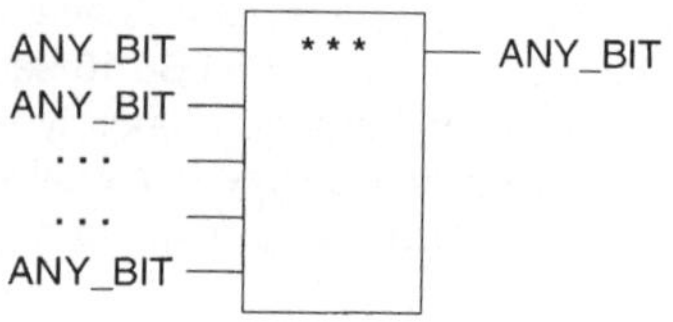

*** = Name oder Symbol

Name	Symbol	Beschreibung
AND	&	alle Eingänge UND-verknüpfen
OR	>=1	alle Eingänge ODER-verknüpfen
XOR	=2k+1	alle Eingänge exklusiv ODER-verknüpfen
NOT		Eingang negieren

Tabelle B6.9:
Bitweise boolesche
Funktionen

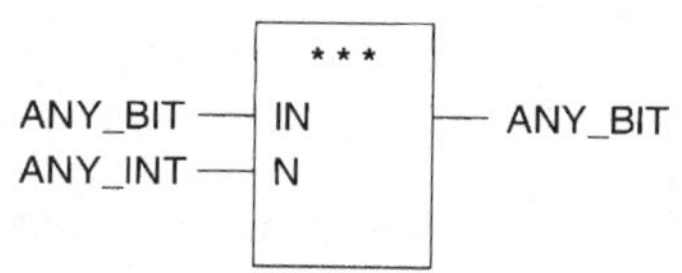

*** = Name

Name	Beschreibung
SHL	IN um N Bits nach links schieben, rechts mit Nullen auffüllen
SHR	IN um N Bits nach rechts schieben, links mit Nullen auffüllen
ROR	IN um N Bits nach rechts zyklisch verschieben
ROL	IN um N Bits nach links zyklisch verschieben

Tabelle B6.10:
Bit-Schiebe-Funktionen

ANY_BIT oder ANY_NUM —[∗ ∗ ∗]— ANY_BIT oder ANY_NUM

∗ ∗ ∗ = Name oder Symbol

Name	Symbol	Beschreibung
GT	>	Größer (Fallende Folge)
GE	>=	Größer oder gleich (Monotone Folge)
EQ	=	Gleich
LE	<=	Kleiner oder gleich (Monotone Folge)
LT	<	Kleiner (Steigende Folge)
NE	<>	Ungleich, nicht erweiterbar

Tabelle B6.11:
Vergleichsfunktionen

a) Grafische Darstellung

ANY_BIT —[BCD_TO_INT]— INT

Beschreibung:

Konvertiert Variablen vom Typ BYTE, WORD etc. in Variablen
vom Typ INT.
Die Bitfolge - Variable enthält Daten im BCD - Format.
(Binär codierte Dezimalzahl)

Beispiel:

2#0011_0110_1001 —[BCD_TO_INT]— 369

b) Grafische Darstellung

INT —[INT_TO_BCD]— ANY_BIT

Beschreibung:

Konvertiert Variablen vom Typ INT in Variablen vom Typ BYTE,
WORD etc.
Die Bitfolge - Variable enthält Daten im BCD - Format.

Beispiel:

25 —[INT_TO_BCD]— 2#0010_0101

Tabelle B6.12:
Funktionen zur Typum-
wandlung

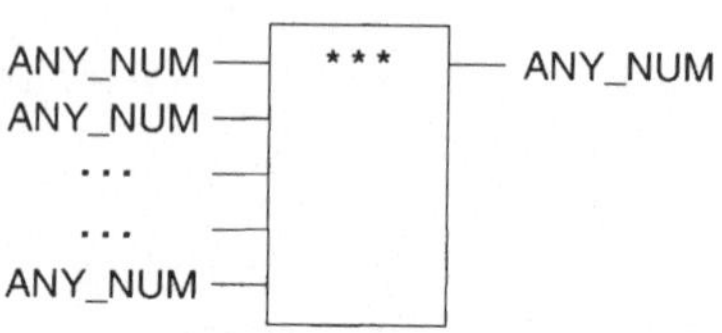

* * * = Name oder Symbol

Name	Symbol	Beschreibung
ADD	+	alle Eingänge addieren
MUL	*	alle Eingänge multiplizieren
SUB	–	2. Eingang vom 1. Eingang subtrahieren
DIV	/	1. Eingang durch 2. Eingang dividieren
MOVE	:=	Eingang auf Ausgang zuweisen, nicht erweiterbar

Tabelle B6.13:
Arithmetische Funktionen

Funktionsbausteine

Funktionsbausteine sind Softwaremodule, die bei ihrer Ausführung einen oder mehrere Ergebnisparameter liefern.

Eine wesentliche Eigenschaft ist die Instanziierbarkeit von Funktionsbausteinen. Soll ein Funktionsbaustein in einem Steuerprogramm benutzt werden, so muß eine Kopie oder Instanz (engl. instance) des Funktionsbaustein-Typs erzeugt werden. Dies geschieht durch die Zuordnung eines symbolischen Bezeichners (engl. instance name). Verbunden mit diesem symbolischen Bezeichner ist eine Datenstruktur, die die Zustände dieser Funktionsbaustein-Kopie (Werte der Ausgangsparameter und internen Variablen) speichert. Die Zustandsinformation der Funktionsbaustein-Kopie bleibt von einer Bearbeitung zur nächsten erhalten.

Veranschaulichen läßt sich dieser Sachverhalt am Beispiel des Standard-Funktionsbausteins für Zähloperationen. Von einem Zählvorgang zum nächsten bleibt der aktuelle Zählerwert erhalten und kann so zu jedem beliebigen Zeitpunkt abgefragt werden. Ein derartiges Verhalten läßt sich mit dem Sprachmittel Funktion, wie oben beschrieben, nicht realisieren.

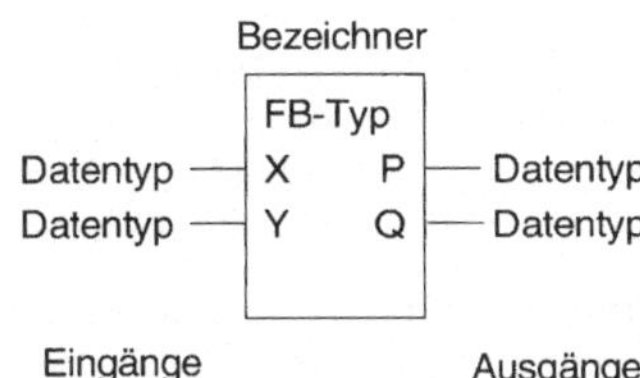

Bild B6.19:
Grafische Darstellung einer
Funktionsbaustein-Kopie

Für die Funktionsbausteine gibt es (neben der Darstellung in einer der Textsprachen) eine grafische Darstellung. Sie werden wie Funktionen durch Rechtecke gezeichnet (Bild B6.19). Linksseitig sind die Eingangsparameter, auf der rechten Seite die Ausgangsparameter eingetragen. Innerhalb des Rechtecks ist der Typ des Funktionsbausteins angegeben. An den linken und rechten Rändern innerhalb des Kastens sind die Formalparameternamen eingetragen. Über dem Funktionsbaustein steht der symbolische Bezeichner, unter dem der Baustein angesprochen wird.

Wird ein Funktionsbaustein benutzt, so muß er mit einem symbolischen Bezeichner versehen werden. Sind die Eingänge versorgt – liegen also aktuelle Übergabeparameter vor – so werden diese zur Bearbeitung herangezogen. Bei nicht verbundenen Eingängen wird auf die gespeicherten Werte des vorherigen Aufrufs zurückgegriffen oder mit den entsprechenden Anfangswerten gearbeitet.

Bild B6.20 zeigt die Verwendung (Aufruf) des Standard-Funktionsbausteins für einen Zähler.

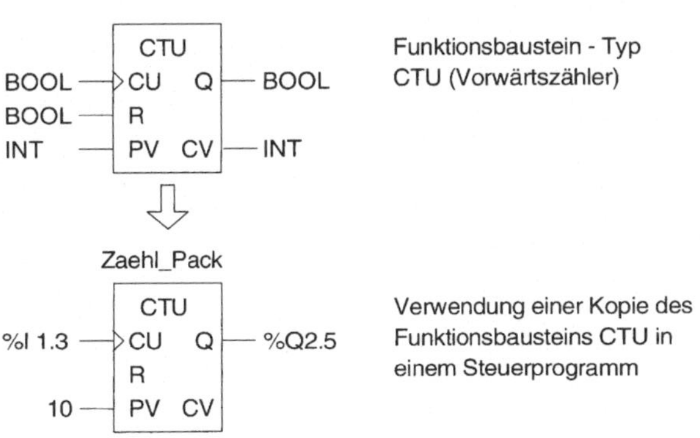

Bild B6.20:
Verwendung (Aufruf) des
Funktionsbausteins CTU
(Vorwärtszähler)

Die verwendete Kopie des Funktionsbausteins CTU trägt den symbolischen Bezeichner Zaehl_Pack. Jede positive Schaltflanke des Eingangs %I1.3 erhöht den aktuellen Zählwert um 1. Ist der eingestellte Vorwahlwert 10 erreicht, so führt der Ausgang Q von Zaehl_Pack und damit der Ausgang %Q2.5 1-Signal, in allen anderen Fällen 0-Signal.

Es können auch mehrere Kopien ein und desselben Funktionsbausteins innerhalb eines Steuerprogramms erzeugt werden. Dies ist in Bild B6.21 veranschaulicht.

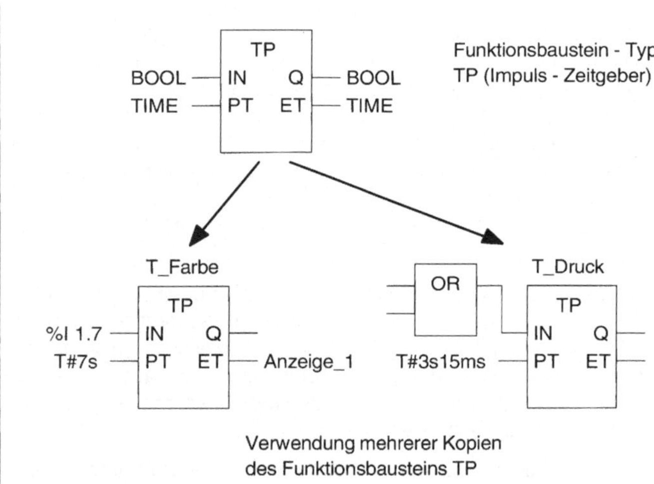

Bild B6.21:
Verwendung mehrerer
Kopien eines Funktions-
bausteins

Standard-Funktionsbausteine

In Tabelle B6.14 sind die wichtigsten, von IEC 1131-3 standardisierten Funktionsbausteine zusammengestellt.

SR	Bistabiler Funktionsbaustein (vorrangig setzen)
RS	Bistabiler Funktionsbaustein (vorrangig rücksetzen)
CTU	Vorwärtszähler
CTD	Rückwärtszähler
TP	Impuls
TON	Einschaltverzögerung
TOF	Ausschaltverzögerung
R_TRIG	Flankenerkennung: steigende Flanke
F_TRIG	Flankenerkennung: fallende Flanke

Tabelle B6.14:
Standard-Funktions-
bausteine

Anwenderdefinierte Funktionen

Neben den vorgegebenen Funktionen erlaubt es die IEC 1131-3, eigene Funktionen zu definieren.

Für die grafische Deklaration gelten die folgenden Regeln:

- Deklaration der Funktion innerhalb eines Konstruktes FUNCTION... END_FUNCTION.
- Spezifikation des Funktionsnamens, sowie der Formalparameternamen und Datentypen der Eingänge und des Ausgangs der Funktion.
- Spezifikation der Namen und Datentypen interner Variablen, die in der Funktion benutzt werden; dazu kann ein Konstrukt VAR... END_VAR herangezogen werden. Als interne Variablen können keine Funktionsbaustein-Kopien verwendet werden, da diese die Speicherung von Zustandsinformation erfordern würden.
- Programmierung des Funktionsrumpfes in einer der Sprachen KOP, FBS, AWL oder ST.

Die Beispiel-Funktion SPEZ_MUL in Bild B6.22 bekommt zwei Parameter vom Typ INT übergeben. Die beiden Parameterwerte werden multipliziert, anschließend die Zahl 15 hinzu addiert. Den so berechneten Wert liefert die Funktion als Ergebnis zurück.

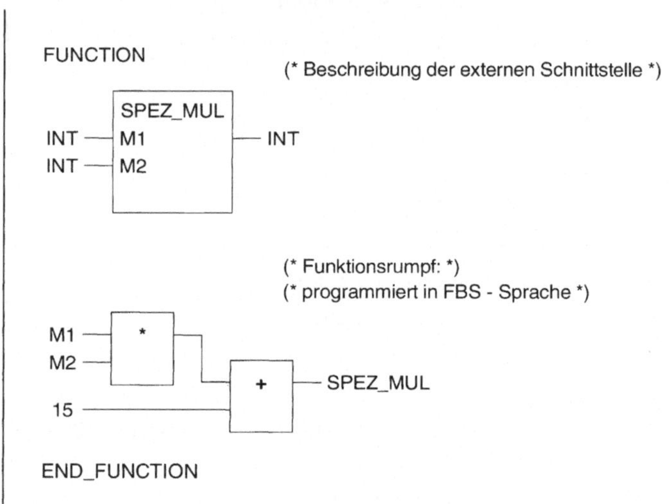

Bild B6.22:
Die Beispielfunktion
SPEZ_MUL

Die Verwendung der Funktion könnte wie in Bild B6.23 dargestellt, erfolgen.

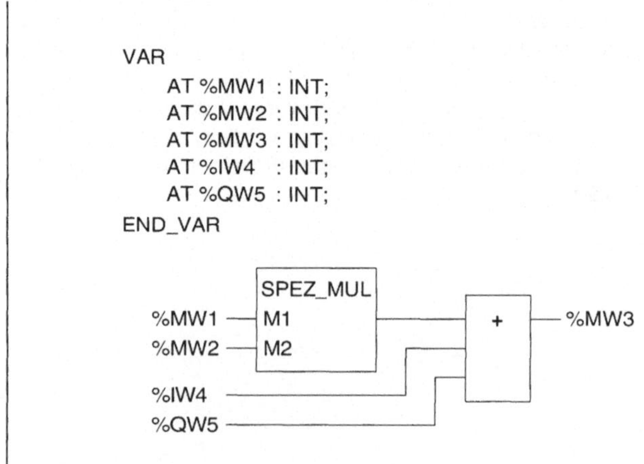

Bild B6.23:
Verwendung der Funktion
SPEZ_MUL

Anwenderdefinierte Funktionsbausteine

Die Erstellung eigener Funktionsbausteine durch den Anwender ist ein wesentliches Merkmal der IEC 1131-3.

Für die grafische Deklaration gelten die nachfolgend zusammengestellten Regeln:

- Deklaration des Funktionsbausteins innerhalb eines Konstruktes FUNCTION_BLOCK... END_FUNCTION_BLOCK.
- Spezifikation des Funktionsbausteinsnamens, sowie der Formalparameternamen und Datentypen der Eingänge und der Ausgänge des Funktionsbausteins.
- Spezifikation der Namen und Datentypen interner Variablen; dazu kann ein Konstrukt VAR... END_VAR herangezogen werden.
- Programmierung des Funktionsbausteinrumpfes in einer der Sprachen KOP, FBS, AWL, ST oder AS.

Erweiterte Zugriffe auf Daten, wie z.B. auf globale Variablen sind hier nicht berücksichtigt.

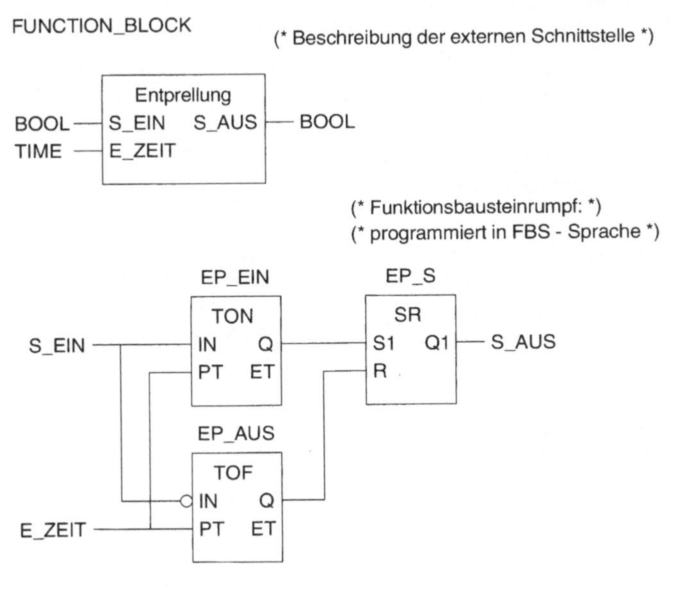

Bild B6.24 :
Deklaration eines
Funktionsbausteins

Der in Bild B6.24 dargestellte Funktionsbaustein ist ein Funktionsbaustein zur Entprellung von Signalen. Er besitzt zwei Eingangsparameter, einen booleschen Eingang für das Signal und einen Zeiteingang zur Einstellung der Entprellzeit. Der Ausgangsparameter S_AUS liefert das entprellte Ausgangssignal.

Programme

Ein Programm besteht aus all den Sprachelementen und Konstrukten, die notwendig sind, um durch die SPS das gewünschte Verhalten einer Maschine oder eines Prozesses zu erzielen.

Programme sind damit im wesentlichen aus Funktionen, Funktionsbausteinen und den Elementen der Ablaufsprache aufgebaut.

Die Eigenschaften von Programmen entsprechen damit weitgehend denen der Funktionsbausteine. An dieser Stelle interessant sind nur die Unterschiede:

- Die begrenzenden Schlüsselwörter für die Programmdeklaration sind PROGRAM...END_PROGRAM.
- Nur innerhalb von Programmen ist die Verwendung von direkt adressierten Variablen erlaubt.

Ein Beispiel hierzu findet sich in Bild B6.25.

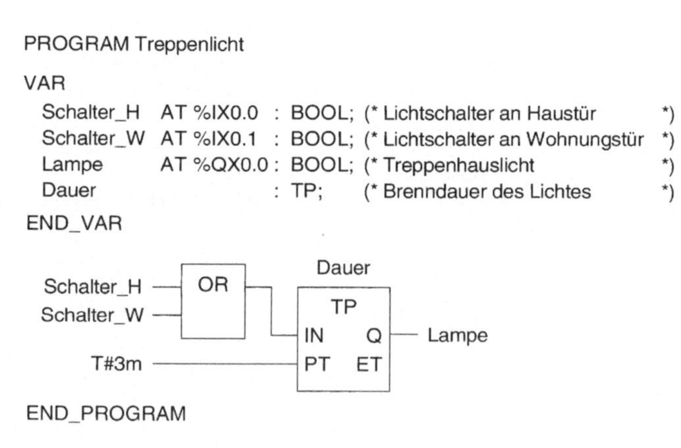

Bild B6.25:
Beispiel eines
Programms

Das Programm besitzt den Namen Treppenlicht. Als interne Variable sind drei boolesche Variablen Schalter_H, Schalter_W und Lampe, zugeordnet zu zwei SPS-Eingängen und einem Ausgang, deklariert. Hinzu kommt die Deklaration einer Funktionsbaustein-Kopie vom Typ Impuls-Zeitglied (TP).

Das Programm realisiert folgende kleine Aufgabe:

Wird einer der beiden Lichtschalter an der Wohnungstür oder an der Haustür betätigt, so wird das Treppenhauslicht für drei Minuten eingeschaltet.

Kapitel 7

Funktionsbausteinsprache

7.1 Elemente der Funktionsbausteinsprache

Die Funktionsbausteinsprache ist eine grafische Programmiersprache, die mit der Dokumentationsnorm IEC 617, T.12 soweit wie möglich übereinstimmt.

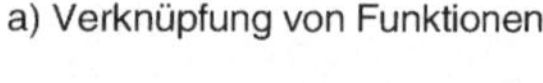

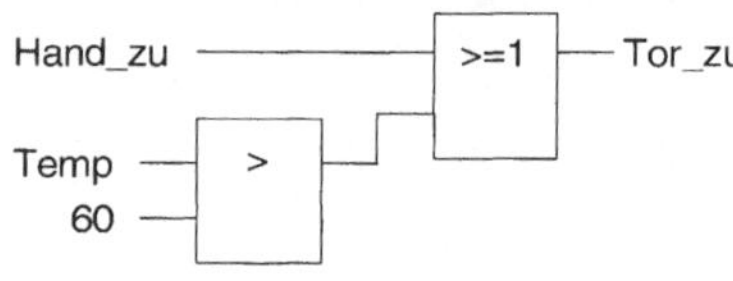

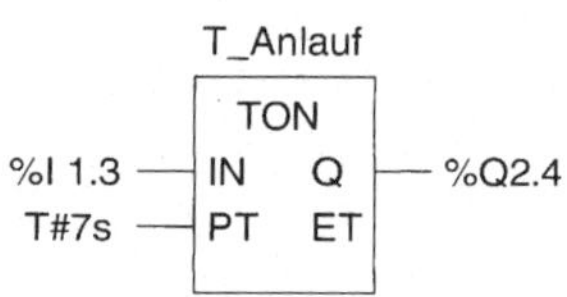

Bild B7.1:
Funktionsbaustein-
sprache (FBS)

Die Elemente der Funktionsbausteinsprache sind grafisch dargestellte Funktionen und Funktionsbausteine. Diese werden durch Signalflußlinien miteinander verbunden; direkt miteinander verknüpfte Elemente bilden ein Netzwerk.

Bild B7.1 zeigt zwei einfache Beispiele zur Funktionsbausteinsprache. In Bild B7.1a werden die Variable Hand_zu und das Ergebnis des Größer-Vergleichs ODER-verknüpft. Das Resultat wird auf die Variable Tor_zu abgebildet. In Bild B7.1b ist die Verwendung eines Funktionsbausteins dargestellt. Die Einschaltverzögerung T_Anlauf wird über den Eingang %I1.3 mit der voreingestellten Zeit von 7 Sekunden gestartet. Der Zustand der Einschaltverzögerung, T_Anlauf.Q, wird dem Ausgang %Q2.4 zugewiesen.

Die Signalflußrichtung durch ein Netzwerk verläuft von links nach rechts. Besteht eine Programm-Organisationseinheit aus mehreren Netzwerken, so werden diese in der Reihenfolge von oben nach unten bearbeitet.

Die strikte Bearbeitungsreihenfolge innerhalb einer Programm-Organisationseinheit läßt sich durch die Verwendung von Elementen zur Ausführungssteuerung beeinflussen. Zu dieser Gruppe von Elementen zählen beispielsweise der bedingte und der unbedingte Sprung. In Bild B7.2 ist ein bedingter Sprung zur Realisierung einer Programmverzweigung eingesetzt.

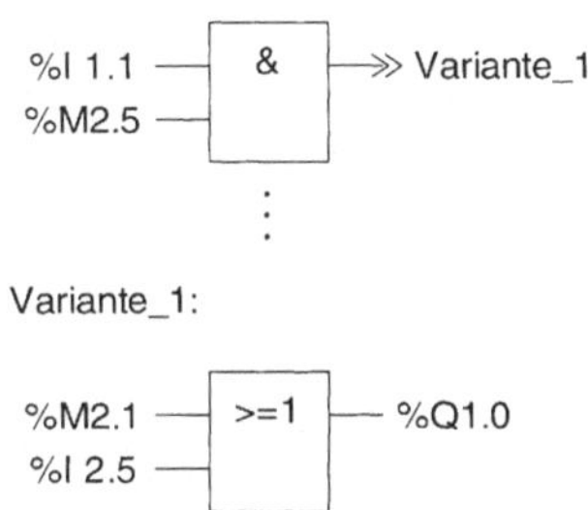

Bild B7.2:
Verwendung eines Sprunges in FBS

Der bedingte Sprung, dargestellt durch einen Doppelpfeil, wird ausgeführt, wenn die Sprungbedingung erfüllt ist. Führen also Eingang %I1.1 und Merker %M2.5 beide 1-Signal, so wird zum Netzwerk mit dem Bezeichner Variante_1 gesprungen und die Bearbeitung an dieser Stelle fortgesetzt.

Soll ein Sprung zu einem Netzwerk ausgeführt werden, so muß dem betreffenden Netzwerk ein symbolischer Name, die Sprungmarke, mit einem Doppelpunkt abgeschlossen, vorangestellt werden. Die Bezeichnung der Sprungmarke muß nach den Regeln für symbolische Namen erfolgen.

<table>
<tr><td valign="top">

7.3 Schleifen-
strukuren

</td><td valign="top">

Bei der Programmierung in der Sprache FBS ist zu beachten, daß keine Schleifenstrukuren innerhalb von Netzwerken (Bild B7.3a) erlaubt sind. Realisiert werden können solche Strukturen nur durch die zusätzliche Verwendung einer Rückkopplungsvariablen (eng. feedback path). Ein Beispiel hierzu ist in Bild B7.3b ausgeführt.

</td></tr>
</table>

a) nicht erlaubte Schleifenstruktur

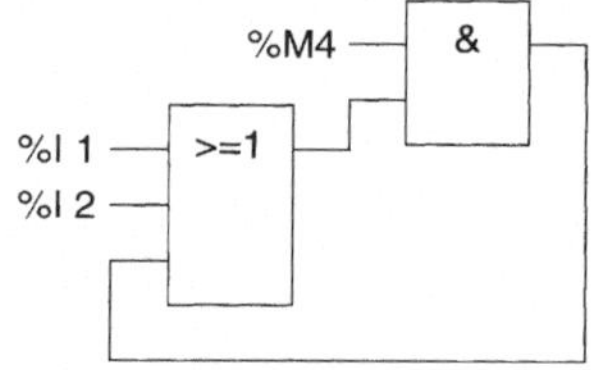

b) erlaubte Schleifenstruktur

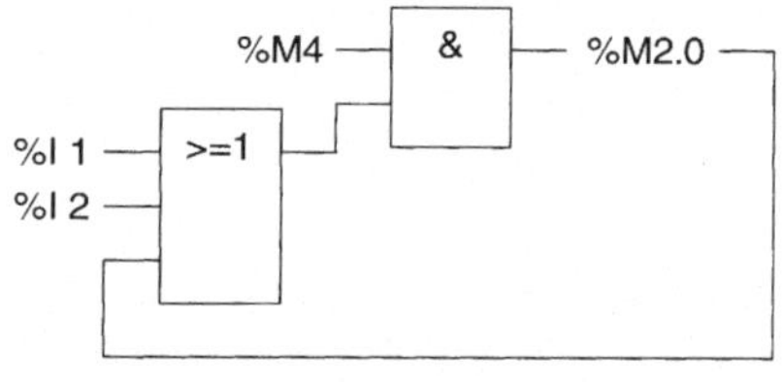

Bild B7.3:
FBS mit Schleifenstrukturen

Durch den Einsatz der Rückkopplungsvariablen besitzt der dritte Eingang der ODER-Funktion einen definierten Wert bei seiner Bearbeitung.

Kapitel 8

Kontaktplan

<table>
<tr><td>

8.1 *Elemente des Kontaktplan*

</td><td>

Die Kontaktplan-Sprache ist wie die Funktionsbausteinsprache eine grafische Programmiersprache. Als Elemente des Kontaktplans stehen Kontakte und Spulen in verschiedenen Formen zur Auswahl. Sie werden in Strompfaden, die links und rechts durch Stromschienen begrenzt sind, angeordnet.

</td></tr>
</table>

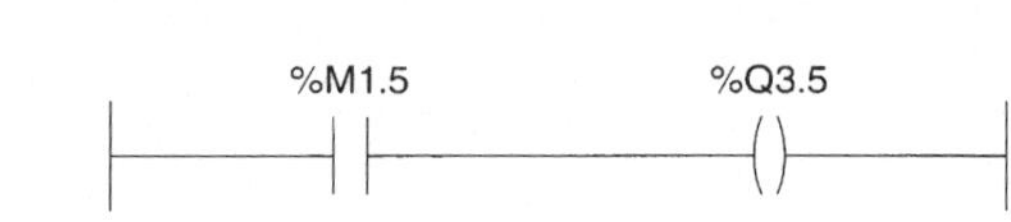

Bild B8.1:
Grundstruktur eines Strompfades

Bild B8.1 zeigt die Grundstruktur eines Strompfades. In diesem Beispiel wird der Zustand des Merkers %M1.5 direkt dem Ausgang %Q3.5 zugewiesen. Tabelle B8.1 enthält eine Zusammenstellung der wichtigsten Elemente des Kontaktplans.

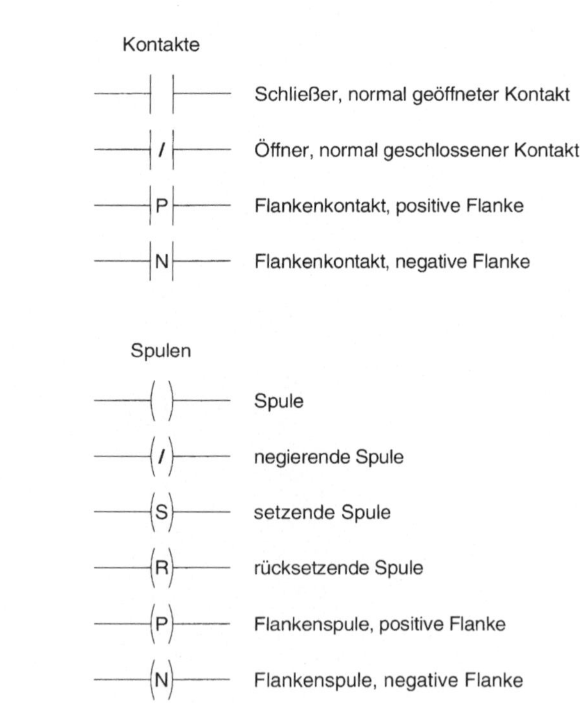

Tabelle B8.1:
Elemente des Kontaktplans

Ein Schließer liefert den Wert 1, wenn der betreffende Schalter oder Taster geschlossen wird. Entsprechend reagiert ein Öffner durch den Wert 1, wenn der Schalter oder Taster geöffnet wird.

Die beiden Flankenkontakte liefern für den Übergang von 0 auf 1 (positive Flanke) bzw. von 1 auf 0 (negative Flanke) den Wert 1.

Bei einer normalen Spule wird das Resultat (Verknüpfungsergebnis der Kontakte) zu der angegebenen Variablen kopiert, bei einer negierenden Spule wird die Negation des Resultats übertragen.

Die setzende Spule erhält den Wert 1, wenn das Resultat 1 ist, und bleibt unverändert, auch wenn das Resultat zwischenzeitlich 0 wird. Analog erhält die rücksetzende Spule den Wert 0 nur dann, wenn das Resultat 1 ist. Der Wert 0 der Spule bleibt erhalten.

Die beiden Flankenspulen werden gesetzt, wenn das Resultat von 0 nach 1 wechselt (positive Flanke) oder von 1 nach 0 wechselt (negative Flanke).

Durch eine entsprechende Anordnung der Kontakte im Strompfad lassen sich die Grundfunktionen UND und ODER realisieren.

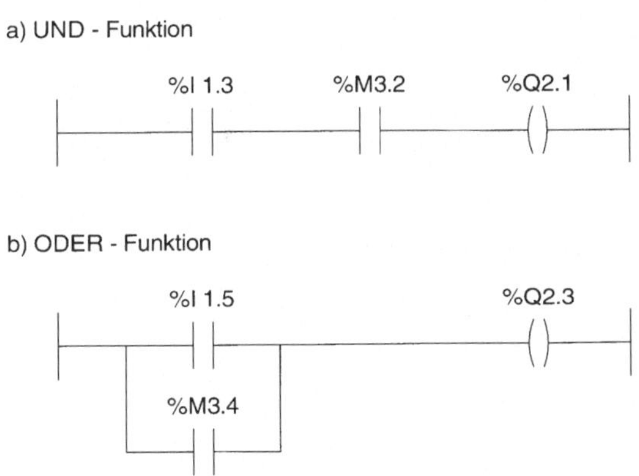

Bild B8.2:
Grundverknüpfungen im Kontaktplan

Durch die Hintereinanderschaltung der beiden Kontakte (Bild B8.2a) wird die UND-Funktion dargestellt. Der Ausgang %Q2.1 ist nur dann gesetzt, wenn sowohl Eingang %I1.3 als auch der Merker %M3.2 gesetzt sind. In allen anderen Fällen ist der Ausgang %Q2.1 rückgesetzt.

Die ODER-Funktion wird durch eine Parallelschaltung von Kontakten erreicht (Bild B8.2b). Der Ausgang %Q2.3 besitzt den Wert 1, wenn entweder der Eingang %I1.5 oder der Merker %M3.4 den Wert 1 besitzen oder wenn beide zugleich erfüllt sind.

8.2 Funktionen und Funktionsbausteine

Neben den Elementen Kontakt und Spule stehen in KOP auch uneingeschränkt Funktionen und Funktionsbausteine zur Verfügung, sofern diese Eigenschaft von der eingesetzten Steuerung unterstützt wird.

Voraussetzung zum Einbinden der genannten Programm-Organisationseinheiten ist das Vorhandensein von mindestens einem booleschen Eingang und einem booleschen Ausgang des betrachteten Blocks. Ist dies nicht der Fall, so werden die entsprechenden Funktionen oder Funktionsbausteine ergänzt um einen booleschen Eingang mit Formalparameternamen EN (engl. enable), sowie um einen booleschen Ausgang mit Namen ENO (engl. enable ok). Die booleschen Ein-/Ausgänge sind erforderlich, um den Stromfluß durch den Block zu ermöglichen.

a) Einbinden von Funktionen

b) Aufruf von Funktionsbausteinen

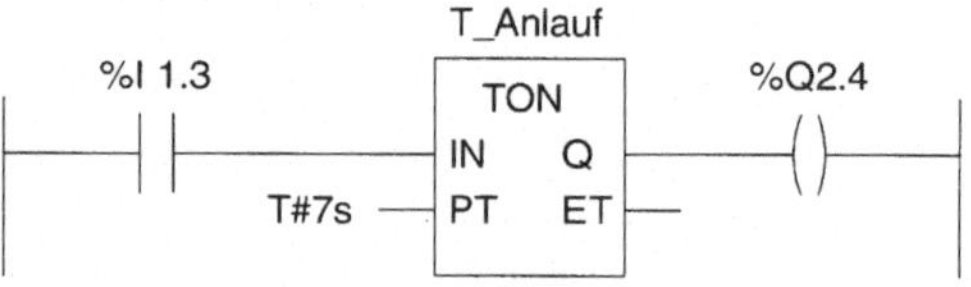

Bild B8.3:
Funktionen und Funktionsbausteine im Kontaktplan

Die Addition in Bild B8.3a wird nur ausgeführt, wenn am EN-Eingang das Signal 1 ansteht. Ist dies der Fall, so werden die Variablen Menge_1 und Menge_2 addiert und das Ergebnis der Variablen Füllstand zugewiesen. Gleichzeitig zeigt der Wert des Ausgangs ENO an, ob die Addition aktiviert und korrekt durchgeführt wurde (ENO=1). Wurde der Baustein nicht bzw. nicht korrekt bearbeitet, so besitzt der ENO-Ausgang den Wert 0.

Funktionsbausteine wie z.B. die Einschaltverzögerung in Bild B8.3b
können ohne zusätzlichen EN-Eingang und ENO-Ausgang in den Kontaktplan eingebunden werden. Über den booleschen IN-Eingang und
den booleschen Q-Ausgang wird der Funktionsbaustein ganz normal
mit den Elementen des Strompfades verknüpft. Besitzt der Eingang
%I1.3 in Bild B8.3b den Wert 1, so wird die Funktionsbaustein-Kopie
T_Anlauf mit der voreingestellten Zeitdauer von 7 Sekunden bearbeitet.
Der Wert des Ausgang Q von T_Anlauf wird an den Ausgang %Q2.4
zugewiesen.

Wie in der grafischen Programmiersprache FBS verläuft der Stromfluß,
und damit auch die Bearbeitung innerhalb einer Programm-Organisationseinheit von links nach rechts und von oben nach unten. Auch in
KOP kann durch das Benutzen von Elementen zur Ausführungssteuerung die Bearbeitungsreihenfolge geändert werden.

*8.3 Auswertung von
Strompfaden*

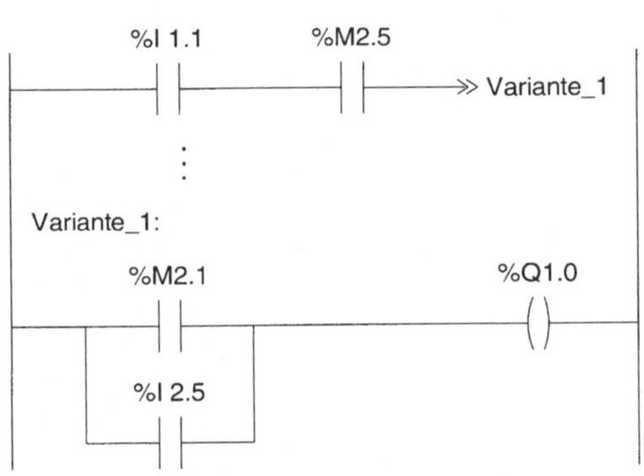

*Bild B8.4:
Bedingter Sprung in KOP*

Ist die Sprungbedingung, hier die UND-Verknüpfung des Eingangs
%I1.1 und des Merkers %M2.5, erfüllt, so wird zum Strompfad mit dem
Bezeichner Variante_1 gesprungen. Die Bearbeitung wird dann ab die-
sem Strompfad fortgesetzt.

Kapitel 9

Anweisungsliste

Die Anweisungsliste ist eine textuelle, assemblerähnliche Programmiersprache. Ihre Anweisungen kommen den in der SPS abgearbeiteten Befehlen am nächsten.

Ein in der Sprache Anweisungsliste formuliertes Steuerprogramm setzt sich aus einer Folge von Anweisungen zusammen. Hierbei muß jede Anweisung in einer neuen Zeile beginnen.

Für die Formulierung einer Anweisung ist ein festes Format vorgegeben. Eine Anweisung (Bild B9.1) beginnt mit einem Operator mit optionalem Modifizierer, diesem folgt, falls erforderlich für die jeweilige Operation, ein oder mehrere Operanden, die durch Kommas getrennt sind. Der Anweisung kann eine Marke vorangestellt sein, die durch einen Doppelpunkt abgeschlossen ist. Die Marke dient als Einsprungadresse. Die Bezeichnung der Marke erfolgt wie für Symbole üblich. Wird ein Kommentar verwendet, so muß dieser das letzte Element der Zeile sein. Eingeleitet wird ein Kommentar durch die Zeichenfolge (*, abgeschlossen wird er durch die Zeichenfolge *).

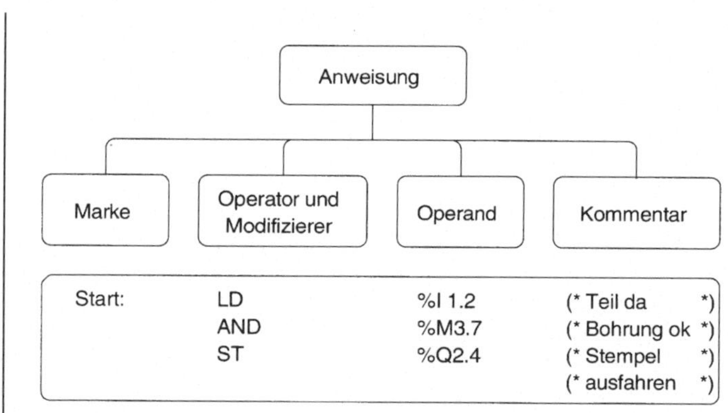

Bild B9.1:
Aufbau einer Anweisung

Der Wert des Eingangs %I1.2 wird in den Akkumulator geladen und mit dem Wert des Merkers %M3.7 UND-verknüpft. Das hieraus resultierende aktuelle Ergebnis wird dem Ausgang %Q2.4 zugewiesen.

Operator	Modifizierer	Operand	Beschreibung/Bedeutung
LD	N		Liest angegebenen Operanden in Akkumulator und setzt aktuelles Ergebnis diesem Operanden gleich
ST	N		Speichert aktuelles Ergebnis auf angegebenen Operanden
S		BOOL	Setzt booleschen Operand auf den Wert 1, wenn der Wert des aktuellen Ergebnisses eine boolesche 1 ist
R		BOOL	Setzt den booleschen Operand auf 0 zurück, wenn der Wert des aktuellen Ergebnisses eine boolesche 1 ist
AND	N, (	BOOL	Boolesches UND
&	N, (	BOOL	Boolesches UND
OR	N, (	BOOL	Boolesches ODER
XOR	N, (	BOOL	Boolesches Exklusiv-ODER
ADD	(		Addition
SUB	(		Subtraktion
MUL	(		Multiplikation
DIV	(		Division
GT	(		Vergleich: >
GE	(		Vergleich: >=
EQ	(		Vergleich: =
NE	(		Vergleich: < >
LE	(		Vergleich: <=
LT	(		Vergleich: <
JMP	C, N	Marke	Sprung zur Marke
CAL	C, N	Name	Aufruf von Funktionsbausteinen
RET	C, N		Rücksprung von Funktion oder Funktionsbaustein
)			Bearbeitung einer zurückgestellten Operation

Tabelle B9.1:
Operatoren der
Anweisungsliste

Die IEC 1131-3 sieht die in Tabelle B9.1 zusammengestellten Operatoren für die Anweisungsliste vor.

Die Operatoren sind mit keinerlei Prioritäten verknüpft. Demzufolge werden Operationen in der Reihenfolge bearbeitet, in der sie in der Anweisungsliste eingetragen sind. Ist eine andere Reihenfolge erwünscht, so ist dies durch die Verwendung von Klammern - einem der sog. Modifizierer - zu erreichen. In Bild B9.2 ist die Anwendung einiger Modifizierer erläutert.

LDN	%I1.1	Der Wert des Eingangs %I1.1 wird negiert in den Akku geladen
AND(	%I1.2	Zuerst wird der Inhalt der Klammer ausgewertet – hier in diesem Beispiel
OR	%I1.3	werden die Eingänge %I1.2 und %I1.3 ODER-verknüpft – anschließend
)		wird das Ergebnis des Klammerausdrucks mit dem aktuellen Ergebnis im Akku UND-verknüpft
JMPC	Start	Der Sprung zur Marke Start wird nur ausgeführt, falls der Wert des gerade ausgewerten Ergebnisses eine boolesche 1 ist.

Bild B9.2:
Anwendung und Bedeutung von Modifizierern

9.3 Funktionen und Funktionsbausteine

Auch in der Anweisungsliste ist die Verwendung von Funktionen und Funktionsbausteinen uneingeschränkt möglich. Funktionen für typische steuerungstechnische Aufgabenstellungen wie boolesche Verknüpfungen oder arithmetische Operationen (siehe Bild B9.3.a) werden direkt durch die in Tabelle B9.1 angegebenen Operatoren realisiert.

a) Aufruf über Operator

```
LD      Temp        (* Gemessene Temperatur *)
GT      60          (* größer als 60 *)
OR      Hand_zu     (* ODER Taster Hand_zu betätigt *)
ST      Tor_zu      (* Schließe Tor *)
```

b) Aufruf über Funktionsname

```
LD      %IW3        (* Lade Eingangswort %IW3 *)
SHL     4           (* Schiebe %IW3 um 4 Bits nach links *)
ST      %QW2        (* Speichere Ergebnis in Ausgangswort %QW2 *)
```

Bild B9.3:
Aufruf von Funktionen

Komplexere Funktionen wie z. B. Bit-Schiebe-Funktionen werden aufgerufen, indem der Funktionsname in das Operatorfeld plaziert wird. Das aktuelle Ergebnis (im Akku) muß als das erste Argument der Funktion benutzt werden. Sind weitere Argumente erforderlich, so müssen diese im Operandenfeld, durch Kommas getrennt, angegeben werden. Der Wert, der durch die Funktion zurückgegeben wird, ist das neue aktuelle Ergebnis.

Der Aufruf von Funktionsbausteinen kann nach verschiedenen Mechanismen (Bild B9.4) erfolgen.

a) CAL mit Liste der Eingangsparameter

```
CAL       T_Anlauf(IN := %I1.3, PT := T#7s )
```

b) CAL mit getrennten Laden/Speichern der Eingangsparameter
```
LD        T#7s              (* Lade T#7s *)
ST        T_Anlauf.PT       (* Speichere nach T_Anlauf.PT *)
                            (* -Eingangsparameter für vorgewählte Zeit *)
LD        %I1.3             (* Lade %I1.3 *)
ST        T_Anlauf.IN       (* Speichere nach T_Anlauf.IN *)
                            (* - Übergabeparameter zur Aktivierung *)
                            (* des Bausteins*)
CAL       T_Anlauf          (* Aufruf der Funktionsbaustein-Kopie T_Anlauf *)
```

Bild B9.4:
Aufruf von
Funktionsbausteinen

Es wird vorausgesetzt, daß die Variable T_Anlauf als Einschaltverzögerung deklariert ist. Übersichtlich gestaltet sich der Aufruf eines Funktionsbausteins durch Verwenden des Operators CAL mit einer Liste der zugehörigen Eingangsparameter.

Die Variable T_Anlauf aus Bild B9.4a sei an anderer Stelle als Einschaltverzögerung deklariert, repräsentiert also einen Baustein vom Typ Einschaltverzögerung. Als aktuelle Übergabeparameter erhält sie den Wert des Eingangs %I1.3 für den Aktivierungseingang IN und die Zeitdauer T#7s für den Eingang PT. Nach der so erfolgten Aktualisierung der Parameter wird der Funktionsbaustein T_Anlauf aufgerufen.

Die Übergabe der Parameter an einen Funktionsbaustein kann auch getrennt vom eigentlichen Funktionsbaustein-Aufruf erfolgen.

Wie in Bild B9.4b dargestellt, werden die aktuellen Parameterwerte durch elementare AWL-Operationen geladen und an die Eingänge des Funktionsbausteins zugewiesen. Erst anschließend wird der Funktionsbaustein T_Anlauf durch eine CAL-Anweisung aufgerufen und bearbeitet. Der Vorteil dieser Methode liegt darin, die Aktualisierung der Übergabeparameter und den eigentlichen Aufruf des Funktionsbausteins zeitlich trennen zu können.

Kapitel 10

Strukturierter Text

10.1 Ausdrücke

Die Sprache Strukturierter Text ist eine Pascal-ähnliche Hochsprache. Sie schließt damit grundlegende Konzepte moderner Hochsprachen ein, insbesondere die wichtigsten Prinzipien zur Strukturierung von Daten und Anweisungen. Die Strukturierung von Daten ist gemeinsamer Bestandteil aller fünf Programmiersprachen, die Strukturierung von Anweisungen ist ein wesentliches Merkmal nur der Sprache ST.

Ein elementarer Baustein zur Formulierung von Anweisungen ist der Ausdruck. Ein Ausdruck besteht aus Operatoren und Operanden. Häufig auftretende Operanden sind Daten, Variablen oder Funktionsaufrufe. Ein Operand kann aber auch selbst wieder ein Ausdruck sein. Die Auswertung eines Ausdrucks liefert einen Wert, der einem der Standarddatentypen oder einem Anwenderdatentyp entspricht. Ist z.B. X eine Zahl vom Typ REAL, so liefert der Ausdruck SIN(X) ebenfalls eine Zahl vom Typ REAL. Tabelle B10.1 enthält eine Übersicht der Operatoren.

Operation	*Symbol*	*Priorität*
Klammerung	(Ausdruck)	höchste
Funktionsbearbeitung	Funktionsname (Übergabeparameter-Liste) Beispiel: LOG(X), SIN (Y)	
Potenzierung	**	
Vorzeichen Komplement	– NOT	
Multiplikation Division Modulo	* / MOD	
Addition Subtraktion	+ –	
Vergleich	<, >, ≤, ≥	
Gleichheit Ungleichheit	= <>	
Boolesches UND	&, AND	
Boolesches Exklusiv-ODER	XOR	
Boolesches ODER	OR	niedrigste

Tabelle B10.1:
Operatoren der Sprache
Strukturierter Text

Beispiele für Ausdrücke sind:

```
SIN(X)
4*COS(Y)
A ≤ B
A+B+C
```

Die Auswertung eines Ausdrucks geschieht durch Anwenden der Operatoren auf die Operanden. Hierbei werden die Operatoren in der Reihenfolge ausgewertet, wie durch ihre Priorität in Tabelle B10.1 festgelegt ist. Ein Operator mit höherer Priorität wird vor einem Operator mit niedrigerer Priorität ausgewertet.

A, B und C seien Variablen vom Datentyp INT; A besitze den Wert 1, B den Wert 2 und C den Wert 3. Die Auswertung des Ausdrucks A+B*C liefert den Wert 7. Wird eine andere als die durch die Prioritäten vorgegebene Reihenfolge erwünscht, so ist dies durch Verwendung von Klammern möglich. Mit den oben angenommenen Zahlwerten liefert der Ausdruck (A+B)*C den Wert 9.

Beispiel

Besitzt ein Operator zwei Operanden, so wird der linke zuerst ausgewertet. Die Berechnung des Ausdruxks SIN(X)*COS(Y) erfolgt also in der Reihenfolge: Berechnung des Ausdrucks SIN(X), Berechnung des Ausdrucks COS(Y), Berechnung des Produktes aus SIN(X) und COS(Y).

Wie im vorhergehenden Abschnitt gezeigt, kann der Aufruf einer Funktion nur innerhalb eines Ausdrucks erfolgen. Der Aufruf wird formuliert durch Angabe des Funktionsnamens und der eingeklammerten Liste der Übergabeparameter.

10.2 Anweisungen

Tabelle B10.2 enthält eine Zusammenstellung der in Strukturiertem Text möglichen Anweisungen. Eine Anweisung kann sich über mehr als eine Zeile erstrecken, der Zeilenumbruch wird hierbei wie ein Leerzeichen behandelt.

Anweisung	*Beispiel*
Zuweisung :=	A := B; CV := CV + 1; Y := COS(X);
Aufruf von Funktionsbausteinen	RS_Hupe(S := Bohrer_defekt, R1 := Taster); Hupe := RS_Hupe.Q1;
Rückkehr aus Funktionen und Funktionsbausteinen RETURN	RETURN;

Auswahlanweisungen
 	
IF
	
	D:= B*B – 4*A*C;
	IF D < 0.0 THEN Anzahl_Lsg := 0;
	ELSIF D = 0.0 THEN
	    Anzahl_Lsg := 1;
	    X1 := –B / (2.0*A);
	ELSE
	    Anzahl_Lsg := 2;
	    X1 := (–B + SQRT(D)) / (2.0*A);
	    X2 := (–B – SQRT(D)) / (2.0*A);
	END_IF;

CASE	CASE Spannung OF
	    101 ... 200: Anzeige := zu_gross;
	    20 ... 100: Anzeige := gross;
	    2 ... 29: Anzeige := normal;
	ELSE
	    Anzeige := zu_klein;
	END_CASE;

Wiederholungsanweisungen FOR	 Summe := 0; FOR I := 1 TO 5 DO Summe := Summe + I; END_FOR;

REPEAT	Summe := 0;
	I := 0;
	REPEAT
	    I := I + 1;
	    Summe := Summe + I;
	UNTIL I = 5
	END_REPEAT;

Tabelle B10.2:
Anweisungen der Sprache
Strukturierter Text

Anweisung	Beispiel
Wiederholungsanweisungen (Fortsetzung)	

WHILE	Summe := 0;
	I := 0;
	WHILE I < 5 DO
	    I := I + 1;
	      Summe := Summe + I;
	END_WHILE;

Abbruch von Schleifen EXIT	EXIT;
Leer-Anweisung	;;

Zuweisungen

Die Zuweisung ist die einfachste Anweisung. Sie ersetzt den aktuellen Wert der links von := stehenden Variablen durch den Wert des Ausdrucks, der rechts von := angeführt ist. Jede Zuweisung wird durch ein Semikolon abgeschlossen. Eine mögliche Zuweisung (Tabelle B10.2) ist A:= B; hierbei wird der Wert der Variablen B an die Variable A zugewiesen. Durch die Zuweisung CV := CV + 1 wird die Variable CV durch den Ausdruck CV+1 um 1 erhöht.

Funktionsbausteine und Funktionen

Für den Aufruf und auch das vorzeitige Verlassen eines Funktionsbausteins oder einer Funktion stellt die IEC 1131-3 definierte Mechanismen zur Verfügung.

Der Aufruf einer Funktion erfolgt wie beschrieben nur innerhalb der Auswertung eines Ausdrucks. Der Aufruf selbst besteht aus Angabe des Funktionsnamens, gefolgt von der geklammerten Liste der Übergabeparameter.

Der Aufruf eines Funktionsbausteins geschieht analog durch die Angabe des Instanznamens (Kopie) des Funktionsbausteins. Diesem folgt eine eingeklammerte Liste, bestehend aus Wertzuweisungen an die einzelnen Eingangsparameter. Die Angabe des Namens des Eingangsparameters ist zwingend erforderlich, die Reihenfolge bei der Aufzählung der einzelnen Eingangsparameter ist beliebig.

Ferner ist es nicht notwendig, daß allen Eingangsparametern bei einem Aufruf Werte zugewiesen werden. Erhält ein Eingangsparameter bei einem Aufruf keinen neuen Wert von außen, so wird der bei einem früheren Aufruf zugewiesene Wert oder der Startwert des Parameters verwendet.

In Tabelle B10.2 ist ein Beispiel eines Funktionsbaustein-Aufrufes enthalten. Eine Hupe soll ertönen, wenn ein Bohrer defekt ist. Der Zustand der Hupe wird durch einen RS-Funktionsbaustein gespeichert.

Durch die Anweisung RETURN wird ein vorzeitiges Verlassen einer Funktion oder eines Funktionsbausteins bewirkt. Eine Anwendung des RETURN-Befehls könnte wie folgt aussehen:

```
IF X < 0  THEN
        Wert := -1;
        Fehler := 1;
        RETURN;
END_IF
Y := LOG(X);
```

Ist der Wert von X kleiner als 0, so wird der Baustein, in dem die Anweisungsfolge enthalten ist, sofort beendet.

**10.3 Auswahl-
anweisungen**

Als Auswahlanweisungen – auch Anweisungen zur Programmverzweigung genannt – stehen die IF- und CASE-Anweisung zur Verfügung. In Abhängigkeit einer festgelegten Bedingung können unterschiedliche Gruppen von Anweisungen ausgewählt und ausgeführt werden. Die Programm-Organisationseinheit kann auf unterschiedliche Wege verzweigen.

IF-Anweisung
Die allgemeine Form der IF-Anweisung ist:

```
IF boolescher Ausdruck1 THEN Anweisung(en)1;
[ ELSIF boolescher Ausdruck2 THEN Anweisung(en)2; ]
[ ELSE Anweisun(en); ]
END_IF;
```

Die in eckigen Klammern stehenden Teile sind optional. d.h. sie können bei einer IF-Anweisung auftreten, müssen es aber nicht.

Die einfachste IF-Anweisung besteht aus einem IF-THEN-Konstrukt (einfache Verzweigung).

Veranschaulicht ist dies an dem Beispiel

```
IF X < 0 THEN X := –X;
END_IF;
Y := SQRT(X);
```

Ist die auf das Schlüsselwort IF folgende Bedingung wahr, so werden die Anweisungen, die nach dem Schlüsselwort THEN stehen, ausgeführt. Ist die Bedingung nicht erfüllt, so werden die Anweisungen im THEN-Teil nicht ausgeführt.

Für das konkrete Beispiel bedeutet dies: Ist die Variable X kleiner 0, also negativ, so wird sie mit dem Minuszeichen versehen und stellt so einen positiven Wert dar; ist dies nicht der Fall, so wird sofort die Anweisung mit der Quadratwurzel-Funktion ausgeführt.

Eine zweifache Verzweigung ist durch ein IF-THEN-ELSE-Konstrukt möglich:

```
Fehler := 0;
IF Teil_ok THEN Anzahl := Anzahl + 1;
ELSE Fehler := 1;
END_IF;
```

Ist die auf das Schlüsselwort IF folgende Bedingung erfüllt, so werden die Anweisungen, die nach dem Schlüsselwort THEN stehen, bearbeitet; bei nicht erfüllter Bedingung werden die nach dem Schlüsselwort ELSE formulierten Anweisungen ausgeführt.

Das vorgestellte Beispiel behandelt produzierte Teile. Ist das Teil in Ordnung (Teil_ok = 1), so wird der THEN-Teil bearbeitet, in diesem Fall die Anzahl korrekt produzierter Teile um 1 erhöht; andernfalls wird ein Bit zur Fehlererkennung gesetzt.

Soll eine Verzweigung auf mehr als 2 Zweige programmiert werden, so kann ein IF-THEN-ELSIF-Konstrukt herangezogen werden. In Tabelle B10.2 ist dies an einem Beispiel vorgeführt. Es werden dort die Lösungen der quadratischen Gleichung $AX^2 + BX + C = 0$ ermittelt. Ist die Diskriminante - hier als Variable D bezeichnet - kleiner als 0, so wird der nachfolgende THEN-Teil ausgeführt: es gibt keine Lösung, d.h. Anzahl_Lsg := 0.

Ist die erste Bedingung nicht erfüllt, D ist also größer oder gleich 0, wird die auf ELSIF folgende Bedingung ausgewertet: Ist sie erfüllt, d.h. D ist gleich 0, so werden die an das Schlüsselwort THEN anschließenden Anweisungen ausgeführt: Es wird die einzige existierende Lösung als X1 angegeben.

Andernfalls (D ist größer als 0) werden die auf das Schlüsselwort ELSE folgenden Zeilen ausgeführt: Die beiden möglichen Lösungen X1 und X2 werden angegeben.

CASE-Anweisung
Soll eine Auswahl aus mehreren möglichen Anweisungsgruppen getroffen werden, so bietet sich die Anwendung der CASE-Anweisung an.

Die Mehrfachauswahl mit CASE hat die allgemeine Form:

```
CASE Selektor OF
    Wert1: Anweisung(en)1;
    Wert2: Anweisung(en)2;
    ...
    Wertn: Anweisung(en)n;
[ ELSE
    Anweisung(en); ]
END_CASE;
```

Die CASE-Anweisung besteht aus einem Selektor, der bei seiner Ausführung eine Variable vom Typ INT liefert, und einer Liste von Anweisungsgruppen. Jede Gruppe ist mit einem Wert (Marke) versehen. Ist eine Anweisungsgruppe von mehreren Werten abhängig, so werden die Werte durch Komma getrennt. Die Werte können auch Bereiche von INT darstellen.

Bei der Auswertung der CASE-Anweisung wird zuerst der Wert des Selektors ermittelt. Anschließend wird die erste Gruppe von Anweisungen ausgeführt, für die der errechnete Wert des Selektors zutrifft. Falls der Wert des Selektors bei keiner Anweisungsgruppe vorkommt. werden die Anweisungen bearbeitet, die dem Schlüsselwort ELSE folgen. Tritt kein ELSE auf, so werden keine Anweisungen ausgeführt.

Im Beispiel aus Tabelle B10.2 wird in Abhängigkeit eines vorliegenden Meßwertes der Text für eine Anzeige ausgewählt. Die Werte zur Auswahl der Anweisung sind Bereiche von INT.

Häufig ist es notwendig, Anweisungen wiederholt auszuführen (Programmschleifen). Steht die Anzahl der Wiederholungen im voraus fest, so wird die FOR-Schleife benutzt, andernfalls werden die REPEAT- oder die WHILE-Schleife eingesetzt.

10.4 Wiederholungs-
anweisungen

FOR-Schleife
Die allgemeine Darstellung der FOR-Schleife ist:

```
FOR Variable := Ausdruck TO Ausdruck [ BY Ausdruck ] DO
    Anweisung(en);
END_FOR;
```

Eine sogenannte Zählvariable wird auf einen bestimmten Anfangswert gesetzt und bei jedem Schleifendurchgang erhöht, bis die Zählvariable den Endwert erreicht. Anschaulich dargestellt arbeitet eine einfache FOR-Schleife nach dem Mechanismus:

```
FOR Zählvariable := Anfangswert TO Endwert DO
    Anweisungen;
END_FOR;
```

Ist keine Angabe zur Schrittweite gemacht, wie oben formuliert, so wird die Zählvariable bei jedem Schleifendurchgang automatisch um 1 erhöht. Ist eine andere Schrittweite gewünscht, so kann diese durch Angabe des Schlüsselwortes BY, gefolgt von dem gewünschten Wert, spezifiziert werden. Die Zählvariable darf folglich innerhalb der Schleife – also der Anweisungen, die wiederholt werden – nicht verändert werden. Ferner müssen Zählvariable, Anfangswert und Endwert Ausdrücke desselben ganzzahligen Datentyps (INT, SINT, DINT) sein.

Die Prüfung der Endebedingung erfolgt am Anfang jeder Wiederholung, so daß Anweisungen nicht ausgeführt werden, falls der Anfangswert größer als der Endwert ist. Eine weitere Eigenschaft der FOR-Schleifen ist, daß sie jederzeit geschachtelt werden dürfen.

Eine Anwendung der FOR-Schleife findet sich in Tabelle B10.2. Dort wird durch die Schleife eine Addition der Zahlen von 1 bis 5 realisiert. Wird die Schleife das erste Mal bearbeitet, so besitzt I den Startwert 1, der Wert der Variable Summe ergibt sich ebenfalls zu 1. Beim zweiten Schleifendurchgang hat I den Wert 2, Summe erhält den Wert 1+2=3 usw. Nach dem fünften und letzten Schleifendurchgang beträgt der Wert für Summe 15, die Zählvariable hat den Endwert 5 erreicht, die Bearbeitung der Schleife wird somit beendet.

REPEAT-Schleife

Im Gegensatz zur FOR-Schleife wird bei der REPEAT-Schleife die Anzahl der Wiederholungen nicht von vornherein durch die Angabe des Endwertes festgelegt. Vielmehr wird zur Beendigung der Schleife eine Bedingung - die sogenannte Abbruchbedingung - herangezogen.

Die REPEAT-Schleife hat die Form

```
REPEAT
    Anweisung(en);
UNTIL Boolescher Ausdruck
END_REPEAT;
```

Der Abbruch der REPEAT-Schleife wird nach der Ausführung der Schleifen-Anweisungen getestet. Daher wird die Schleife mindestens ein Mal durchlaufen. Die Abbruchbedingung muß in der Schleife verändert werden, da die Schleife sonst unendlich lange läuft. Es ist daher stets genau darauf zu achten, daß die Schleife auch tatsächlich beendet wird. Dazu wird folgendes überprüft:

- Ist in der Abbruchbedingung überhaupt eine Variable vorhanden, so daß die Bedingung auch den Wert 1 (wahr) liefern kann ?
- Wird die Abbruchbedingung jemals erreicht ?

Eine Anwendung der REPEAT-Schleife wird am Beispiel aus Tabelle B10.2 veranschaulicht. Es werden auch hier die ersten fünf natürlichen Zahlen addiert.

Im ersten Schleifendurchgang besitzt I den Wert 1, für Summe ergibt sich ebenfalls der Wert 1. Die Überprüfung der Abbruchbedingung ergibt, daß sie noch nicht erfüllt ist. Damit wird die Schleife ein weiteres Mal durchlaufen. Die Bearbeitung der Schleife wird solange wiederholt, bis die Abbruchbedingung wahr ist. Nach dem fünften Schleifendurchlauf ist dies der Fall, die Schleife wird beendet. Das Ergebnis für die Variable Summe ist auch hier 15.

WHILE-Schleife
Die WHILE-Schleife ist die zweite Möglichkeit, Wiederholungen durch Angabe einer Abbruchbedingung zu formulieren. Die allgemeine Darstellung der WHILE-Schleife ist:

```
WHILE Boolescher Ausdruck DO
     Anweisung(en);
END_WHILE;
```

Ist der auf das Schlüsselwort WHILE folgende Boolesche Ausdruck erfüllt, so werden die nach dem Schlüsselwort DO angeführten Anweisungen ausgeführt. Der Abbruch der WHILE-Schleife wird also vor der Ausführung der Schleifenanweisungen getestet. Daher werden die Schleifen-Anweisungen möglicherweise keinmal bearbeitet. Die Abbruchbedingung wird in den Anweisungen, die wiederholt werden sollen, verändert.

Es ist darauf zu achten, daß die Schleifenbedingung auch wirklich erfüllt wird, damit die Bearbeitung der Schleife beendet wird.

Die Aufgabe, Addition der Zahlen von 1 bis 5, läßt sich auch durch Anwendung einer WHILE-Schleife realisieren (Tabelle B10.2). Im Gegensatz zur REPEAT-Schleife wird die WHILE-Schleife solange durchlaufen, wie die Abbruchbedingung wahr ist. Im konkreten Fall: Solange die Variable I kleiner als 5 ist, wird die Schleife durchlaufen. Ist I gleich oder größer 5, wird die Schleife nicht mehr bearbeitet.

Eine REPEAT-Schleife kann grundsätzlich durch eine WHILE-Schleife ersetzt werden und umgekehrt.

EXIT-Anweisung zum Abbruch einer Schleife

Die EXIT-Anweisung muß benutzt werden, um Wiederholungen zu beenden, bevor die Ende- oder Abbruchbedingung erfüllt ist.

Ein Beispiel zur EXIT-Anweisung zeigt das folgende Programm:

```
S := 0;
FOR I := 1 TO 2 DO
    FOR J := 1 TO 3 DO
       IF Fehler THEN EXIT;
       END_IF;
       S := S + J;
    END_FOR;
    (* Bei Ausführung der EXIT-Anweisung wird hierher gesprungen *)
    S := S + I;
END_FOR;
```

Liegt die EXIT-Anweisung innerhalb einer geschachtelten Schleife, so muß die innerste Schleife verlassen werden, die EXIT enthält. Anschließend wird diejenige Anweisung ausgeführt die direkt nach dem Schleifenende (END_FOR, END_WHILE, END_REPEAT) steht. Im Beispiel Bild B10.1 ist dies die Anweisung "S := S +I;".

Für das oben vorgestellte Beispiel gilt: Ist der Wert der booleschen Variablen Fehler gleich 0, so liefert der Algorithmus für die Variable S den Wert 15. Besitzt die Variable Fehler den Wert 1, so ist der für S berechnete Wert 3.

Kapitel 11

Ablaufsprache

11.1 Einführung	Die IEC 1131-3 definiert die Ablaufsprache, kurz AS (engl. sequential function chart, SFC) als ein wesentliches Programmierwerkzeug für Steuerungssysteme. Durch ihren klar gegliederten Aufbau zeigt sie ein Programm einer Steuerung besonders übersichtlich und ist daher einer der wichtigsten Teile der IEC 1131-3.

Jedes Programm einer Ablaufsteuerung besteht aus Schritten und Transitionen (Weiterschaltbedingungen). Daneben enthält es noch weitere wichtige Informationen über den Programmablauf und die Art der Programmfortsetzung.

Wenn der Programmablauf nicht eindeutig ist, sondern ein einzelner Weg aus mehreren möglichen ausgewählt werden muß, zeigt die Darstellung der Ablaufsprache diesen Sachverhalt besonders eindrücklich in grafischer Form.

11.2 Elemente der Ablaufsprache

Die Grundaufgabe der Ablaufsprache besteht darin, ein Steuerprogramm in einzelne Schritte und Transitionen (Weiterschaltbedingungen) zu gliedern, die durch gerichtete Verbindungen aneinandergefügt sind.

Die hierzu notwendige Darstellung in grafischer Form soll die Absicht des Programms klar erkennbar machen.

Die Ablaufsprache der IEC 1131-3 ist aus einem kleinen, festgelegten Satz einfach aufgebauter, grafischer Grundelemente konstruiert. Um ein Steuerprogramm zu erstellen, müssen diese Grundelemente kombiniert werden. Wie dies zu geschehen hat, ist durch einige einfache Regeln der Norm festgelegt.

Die Programmiersprache Ablaufsprache orientiert sich so weit als möglich an der Planungssprache Funktionsplan nach DIN 40 719 Teil 6 bzw. IEC 848. Es wurden nur diejenigen Änderungen durchgeführt, die notwendig sind, um aus einem Dokumentationselement ausführbare Befehle für eine SPS generieren zu können. Als Beispiel sei hier das Aktionsattribut S angeführt. In der Dokumentationsnorm werden mit diesem Attribut zwei Wirkungsweisen definiert, das Setzen sowie das Rücksetzen eines "Operanden". Eine SPS benötigt eindeutige Befehle. Deshalb finden sich in der Programmiersprache Ablaufsprache zur Realisierung der beiden Wirkungsweisen zwei Attribute, das S- und das R-Attribut.

Da die Ablaufsprache das Speichern von Zustandsinformation (die zu einem gegebenen Zeitpunkt aktiven Schritte etc.) erfordert, können nur die Programm-Organisationseinheiten Programm und Funktionsbaustein in Ablaufsprache formuliert werden.

a) Schritt mit der Bezeichnung ***

b) Anfangsschritt mit der Bezeichnung ***

c) Aktionsblock, enthält die einem Schritt
   zugeordneten Aktionen
   Feld a: Aktionsattribut
   Feld b: Name der Aktion
   Feld c: Rückkopplungsvariable
   Feld d: Aktionsinhalt

d) Transition mit der Bezeichnung ***
   bzw. Transitionsbedingung ***

e) Alternative Verzweigung

f) Zusammenführung alternativer Pfade

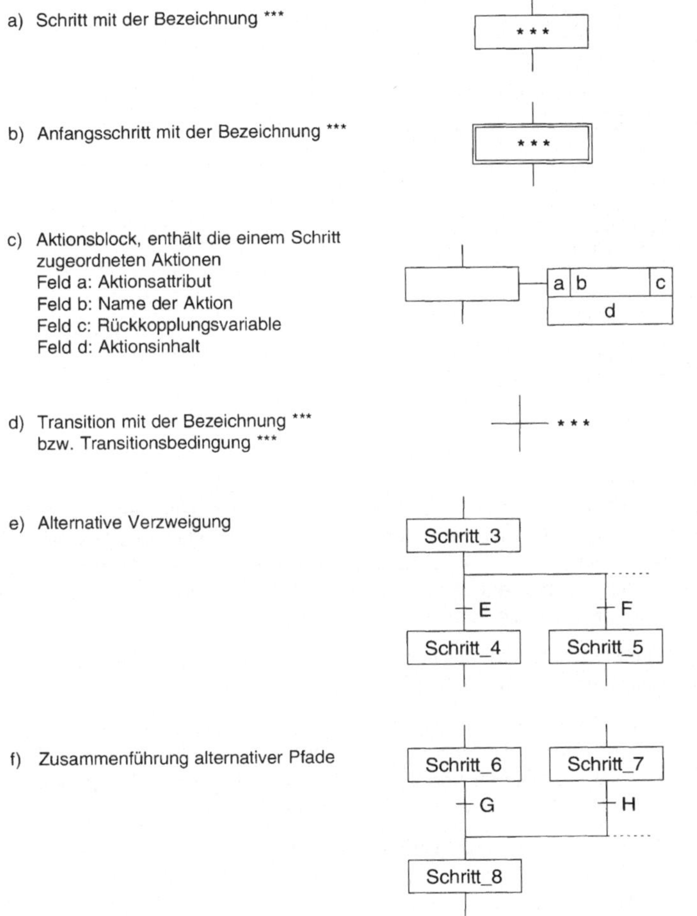

Tabelle B11.1:
Die Elemente
der Ablaufsprache
(grafische Darstellung)

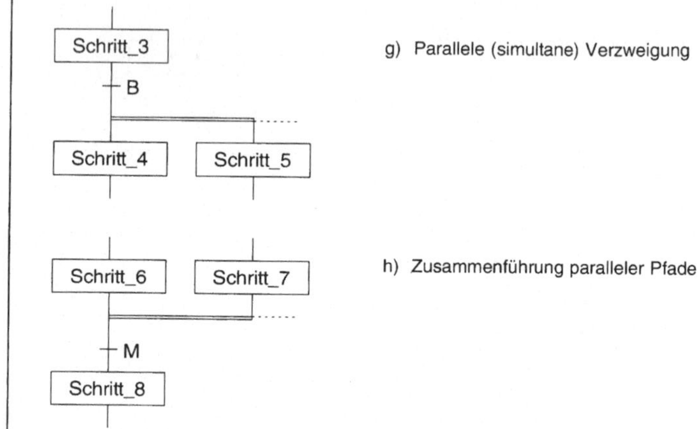

Tabelle B11.1:
Die Elemente der Ablauf-
sprache (grafische
Darstellung, Fortsetzung)

Der Schritt

Ein Schritt (engl. step) enthält einige Ausführungsteile des Steuerprogramms. Nur hier in einem Schritt dürfen Ausgänge gesetzt oder gelöscht werden. Das bedeutet auch, daß alle Stellgrößen, die ein Steuerprogramm an die angeschlossenen Anlage ausgibt, nur in solchen Schritten programmiert werden können.

Der einem Schritt zugeordnete Ausführungsteil, die sog. Aktionen, werden innerhalb von Aktionsblöcken formuliert.

Ein Schritt ist entweder aktiv, die zugehörigen Aktionen werden gerade ausgeführt, oder er ist inaktiv. Somit wird der Zustand der angeschlossenen Anlage zu einem gegebenen Zeitpunkt durch die Menge der gerade aktiven Schritte des Steuerprogramms bestimmt.

Wie Tabelle B11.1a zeigt, wird ein Schritt grafisch durch ein Rechteck dargestellt. Jeder Schritt besitzt einen symbolischen Namen, der durch den Anwender frei wählbar ist. Für den Schrittnamen gelten die schon erwähnten Spielregeln für symbolische Bezeichner: ein symbolischer Name darf nur aus großen und kleinen Buchstaben, Ziffern und dem Unterstrich bestehen und beginnt immer mit einem Buchstaben oder dem Unterstrich.

Bild B11.1:
Schritte mit Schrittnamen

Alle Schritte eines in Ablaufsprache formulierten Programms oder Funktionsbausteins müssen voneinander verschiedene Namen haben. Selbst wenn zwei Schritte die gleichen Ausführungsteile enthalten, sind sie zwei Mal zu erstellen und zu bezeichnen.

Der Hintergrund dieser Festlegung ist folgender:
In der Steuerung werden zu jedem Schritt Informationen abgelegt. Die eindeutige Zuordnung dieser Informationen zu einem Schritt als auch der Zugriff auf diese Daten erfolgt über den Schrittnamen.

Der Anwender kann so Kenntnis erhalten über

- den aktuellen Zustand eines Schrittes (aktiv, inaktiv),
- die Zeit, die ein Schritt seit Initiierung aktiv war.

In Tabelle B11.2 ist der Zugriff auf die Daten eines Schrittes beispielhaft aufgezeigt.

a)	Motor_3_ein.X	boolsche Variable, die anzeigt, ob der Schritt Motor_3_ein aktiv (Motor_3_ein.X=1) oder inaktiv (Motor_3_ein.X=0) ist. Die Variable wird auch als Schrittmerker bezeichnet.
b)	Motor_3_ein.T	Variable vom Typ TIME, die angibt, wie lange der Schritt Mototr_3_ein seit Initiierung aktiv war.

*Tabelle B11.2:
Informationen zu
einem Schritt*

Für die Überwachung der angeschlossenen Anlage kann die Auswertung obiger Variabler hilfreich sein. Es treten auch Anwendungsfälle auf, die die Verwendung der Variablen im Steuerprogramm selbst erfordern.

Eine Sonderstellung innerhalb des Elementes Schritt nimmt der sog. Anfangsschritt (Tabelle B11.1b) ein. Er wird durch doppelte Linien gekennzeichnet.

Jedes Netzwerk in Ablaufsprache besitzt genau einen Anfangsschritt. Er wird als erster Schritt eines Netzwerkes bearbeitet.

Wie schon erwähnt, liegt die Bedeutung der Ablaufsprache in der übersichtlichen, klar strukturierten grafischen Darstellung eines Steuerprogramms. Es kann jedoch auch sinnvoll sein, Ablaufstrukturen textuell abzubilden. Die Norm IEC 1131-3 hat hierfür eine äquivalente textuelle Darstellung der AS-Elemente vorgesehen. Diese sieht für das Element Schritt folgendermaßen aus:

Bild B11.2:
Textuelle Darstellung
von Schritten

```
STEP Motor_3_ein
   (* Inhalt des Schrittes *)
END_STEP


STEP Vakuum_aus
   (*Inhalt des Schrittes*)
END_STEP
```

Die textuelle Darstellung von Ablaufstrukturen kann (herstellerabhängig) Bestandteil der Dokumentation eines Steuerprogramms sein; diese Art der Übersicht von Ablaufstrukturen erfordert keine Restriktionen bezüglich Format und Zeichensatz beim Drucken.

Ferner ist es denkbar, Steuerprogramme in genormter textueller Darstellung zwischen SPS unterschiedlicher Hersteller zu portieren.

Die Transition
Eine Transition (engl. transition) oder auch Weiterschaltbedingung enthält die logische Bedingung, die einen programmäßigen Übergang von einem Schritt auf den nächstfolgenden erlauben soll.

Wie aus Tabelle B11.1d ersichtlich, wird die Transition durch einen waagrechten Strich quer zur Verbindungslinie dargestellt. Zu jeder Transition gehört eine Transitionsbedingung, die als Ergebnis einen booleschen Wert liefert. Die Formulierung der Transitionsbedingung kann in einer der IEC 1131-Sprachen KOP, FBS, AWL oder ST erfolgen.

Eine Transitionsbedingung ist entweder erfüllt und hat dann den Wert 1, oder sie ist nicht erfüllt und hat den Wert 0. Nur wenn sie erfüllt ist, wird die Bearbeitung des Programms oder des Funktionsbausteins an dieser Stelle fortgesetzt.

Soll eine Bedingung immer erfüllt sein, so kann sie einfach durch die Angabe der Zahl 1 an einer Transition kenntlich gemacht werden. Solche immer erfüllten Transitionsbedingungen können in einem Programm oder Funktionsbaustein in der Ablaufsprache oft vorkommen.

Tabelle B11.3:
Spezielle Transitionen

Zusammenschaltung von Schritten und Weiterschaltbedingungen
In der Praxis ist mit einem einzelnen Schritt oder mit einer Transition nicht viel zu erreichen. Ein Steuerprogramm in der Ablaufsprache wird daher immer aus einer Aufeinanderfolge von vielen Transitionen und Schritten gebildet werden.

Eine Folge von Transitionen und Schritten wird als Schrittkette, Ablaufkette oder auch Pfad bezeichnet.

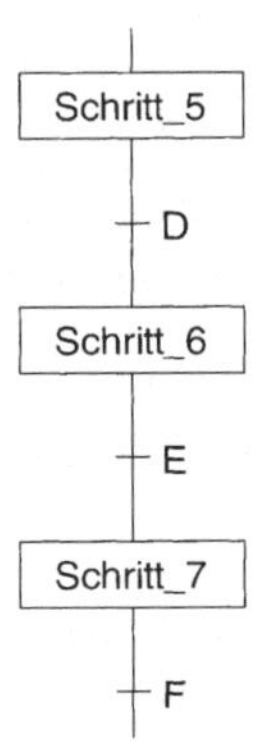

Bild B11.3:
Schritte und
Transitionen in Folge

Hierbei müssen sich die Transitionen und Schritte ständig abwechseln. Der logische Weg durch diese Darstellung erfolgt immer von oben nach unten. Für das Beispiel in Bild B11.3 ergibt sich folgendes Verhalten:

Angenommen, Schritt Schritt_5 sei aktiv. Schritt_5 bleibt solange aktiv, bis die Transition D erfüllt ist. Das Schalten (engl. clearing) der Transition führt zur Deaktivierung des vorhergehenden Schrittes Schritt_5 und zur Aktivierung des nachfolgenden Schrittes Schritt_6. Sobald Schritt Schritt_6 aktiv ist, wird die Transition E von der Steuerung untersucht. Ist die Transition E erfüllt, so wird Schritt Schritt_6 beendet und Schritt Schritt_7 bearbeitet usw.

Die alternative Verzweigung

Oftmals muß in einem Steuerprogramm eine Verzweigung programmiert werden. Die Fortsetzung des Programms kann an dieser Stelle auf verschiedene Weise erfolgen.

Die alternative Verzweigung auf verschiedene Pfade wird durch entsprechend viele Transitionen nach dem horizontalen Strich dargestellt. In dem Beispiel in Tabelle B11.1e wird der Weg über den Schritt Schritt_4 eingeschlagen, wenn die Transition E erfüllt ist, oder der Weg über Schritt Schritt_5 wird weiterverfolgt, wenn die Transition F erfüllt und E nicht erfüllt ist.

Das passende Gegenstück zu der alternativen Verzweigung ist die Zusammenführung alternativer Pfade. Bei einer Zusammenführung alternativer Pfade müssen die Transitionen immer über der horizontalen Linie positioniert sein.

Der Programmfluß in Tabelle B11.1f verläuft von Schritt Schritt_6 nach Schritt Schritt_8, nachdem die Transition G erfüllt ist oder von Schritt Schritt_7 nach Schritt Schritt_8, nachdem die Transition H erfüllt ist. Entscheidend hierbei ist, auf welchem Weg das Steuerprogramm zu dieser Zusammenführung alternativer Pfade gelangte. Erfolgte dies auf dem Weg über Schritt Schritt_6, so ist die Weiterschaltbedingung H bedeutungslos. Umgekehrt wird die Transition G nicht untersucht, wenn das Steuerprogramm über den Weg mit Schritt_7 zur Zusammenführung gelangte.

Man beachte, daß bei der alternativen Verzweigung immer nur genau ein Weg durch das Steuerprogramm eingeschlagen wird. Es ist hierbei nicht zwingend erforderlich, daß sich die Bedingungen gegenseitig ausschließen.

Liegen keine weiteren Angaben vor, wird der erste, am weitesten links stehende Weg eingeschlagen. Die Priorität bei der Berechnung der Transitionen erfolgt also von links nach rechts.

Dies wird wohl die von den Steuerungsherstellern am häufigsten implementierte Variante für die Behandlung alternativer Verzweigungen sein.

In Verbindung mit drei Schritten könnte ein Ausschnitt eines Programms oder Funktionsbausteins mit einer dreifachen alternativen Verzweigung folgendermaßen aussehen.

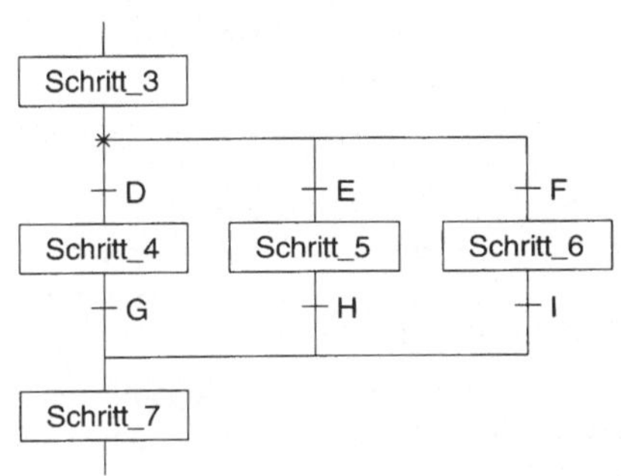

Bild B11.4:
Alternative Verzweigung:
Bearbeitung der Transitionen von links nach rechts

Die Norm IEC 1131-3 bietet aber auch die Möglichkeit, die Priorität bei der Bearbeitung der Transitionen durch den Anwender definieren zu lassen. Die Festlegungen der Funktionalität alternativer Verzweigungen in der IEC 848, die einen anwenderprogrammierten gegenseitigen Ausschluß der Transitionsbedingungen erfordert, wird durch die Norm IEC 1131-3 als dritte Methode ebenfalls unterstützt.

Im Gegensatz zum vorherigen Beispiel zeigen die Ziffern an den Pfaden in Bild B11.5 eine anwenderdefinierte Priorität der Transitionsauswertung an. Der Pfad mit der niedrigsten Ziffer besitzt die höchste Priorität.

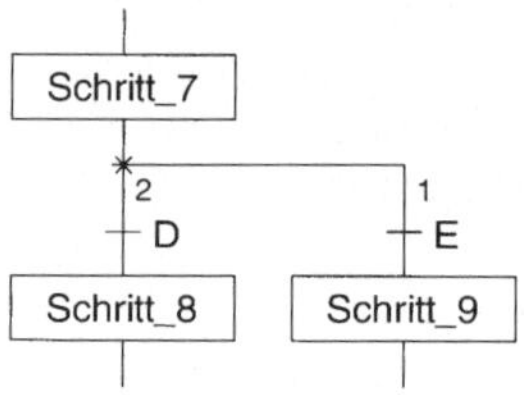

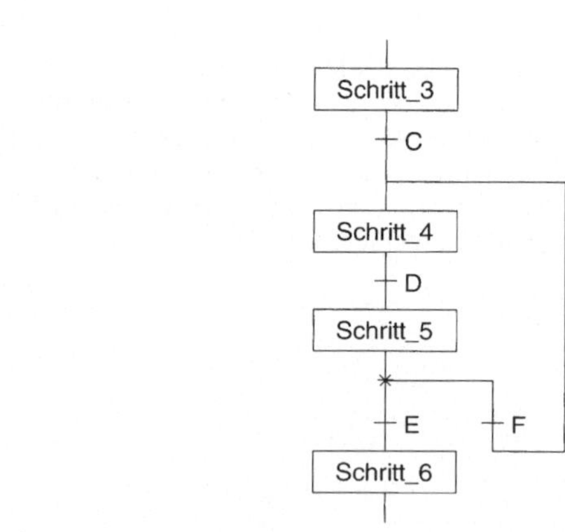

Bild B11.5:
Alternative Verzweigung
mit anwenderdefinierter
Priorität

Damit findet ein Übergang von Schritt Schritt_7 nach Schritt Schritt_9 statt, wenn die Transition E erfüllt ist, oder es findet ein Übergang von Schritt Schritt_7 nach Schritt Schritt_8 statt, wenn Transition D erfüllt und Transition E nicht erfüllt ist.

Als ein Sonderfall der alternativen Verzweigung kann die Schleifenstruktur betrachtet werden. Hierbei führen ein oder mehrere Pfade zu einem Vorgängerschritt zurück.

Bild B11.6:
Darstellung einer Schleife

In Bild B11.6 führt der Programmfluß von Schritt Schritt_5 nach Schritt Schritt_4, wenn Transition F erfüllt und E nicht erfüllt ist. Die Bearbeitung der Schrittfolge Schritt_4, Schritt_5 kann auf diese Weise wiederholt werden.

Die parallele Verzweigung

Ein funktional völlig anderes Element der Ablaufsprache ist die parallele Verzweigung.

Dargestellt wird sie durch eine Doppellinie und eine Transition über dieser Linie (Tabelle B11.1g). Sobald die Transition B erfüllt ist, erfolgt ein Übergang von Schritt Schritt_3 zu den Schritten Schritt_4 und Schritt_5. Diese beiden Schritte werden gleichzeitig ausgeführt.

Eine parallele Verzweigung bestimmt, daß alle angeschlossenen Pfade gleichzeitig aktiviert und unabhängig voneinender durchlaufen werden sollen. Bei dem hierzu passenden Gegenstück, der Zusammenführung paralleler Pfade, liegt die Transition immer unterhalb des horizontalen Doppelstriches.

Die parallele Zusammenführung enthält einen Mechanismus zur Synchronisation. Erst wenn alle von oben kommenden Pfade vollständig ausgeführt wurden, wird die nachfolgende Transition untersucht. Ist sie erfüllt, so erfolgt der Übergang auf den nachfolgenden Schritt. In Tabelle B11.1h bedeutet dies: vor der Überprüfung der Transition M müssen die beiden Schritte Schritt_6 und Schritt_7 durchlaufen worden sein.

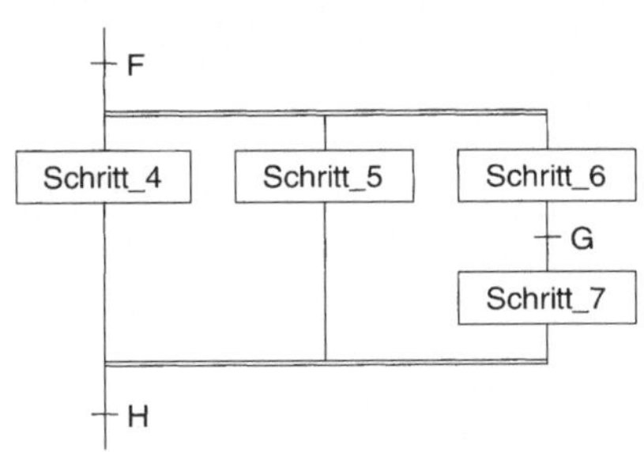

Bild B11.7:
Darstellung einer
dreifachen parallelen
Verzweigung

Nachdem die Weiterschaltbedingung F erfüllt ist, sollen gleichzeitig die drei Pfade mit den Schritten Schritt_4, Schritt_5 und Schritt_6 und Schritt_7 durchlaufen werden.

Abhängig von dem Inhalt der Transition G zwischen den beiden Schritten Schritt_6 und Schritt_7 kann es vorkommen, daß das Steuerprogramm warten muß, bis die Transition G erfüllt ist. Es wird die untere Transition H also erst dann überprüft, wenn auch der rechte Pfad vollständig durchlaufen wurde. Das kann nur der Fall sein, wenn die Transition G in diesem Pfad erfüllt war.

Jeder Transition ist eine Transitionsbedingung (Weiterschaltbedingung) zugeordnet. Diese liefert als Ergebnis einen booleschen Wert.

Im einfachsten Fall kann eine Weiterschaltbedingung durch die Abfrage eines Eingangs der Steuerung oder einer anderen booleschen Variablen angeben werden. Es lassen sich jedoch auch wesentlich komplexere Weiterschaltbedingungen programmieren.

Formulierung von Transitionsbedingungen
Transitionsbedingungen können in folgenden Sprachen programmiert werden

- Kontaktplan
- Funktionsbausteinsprache
- Anweisungsliste
- Strukturierter Text

Die Inhalte der Transitionsbedingung werden entweder direkt an der Transition angegeben (siehe Bild B11.8) oder über einen Transitionsnamen mit der Transition verbunden (siehe Bild B11.9).

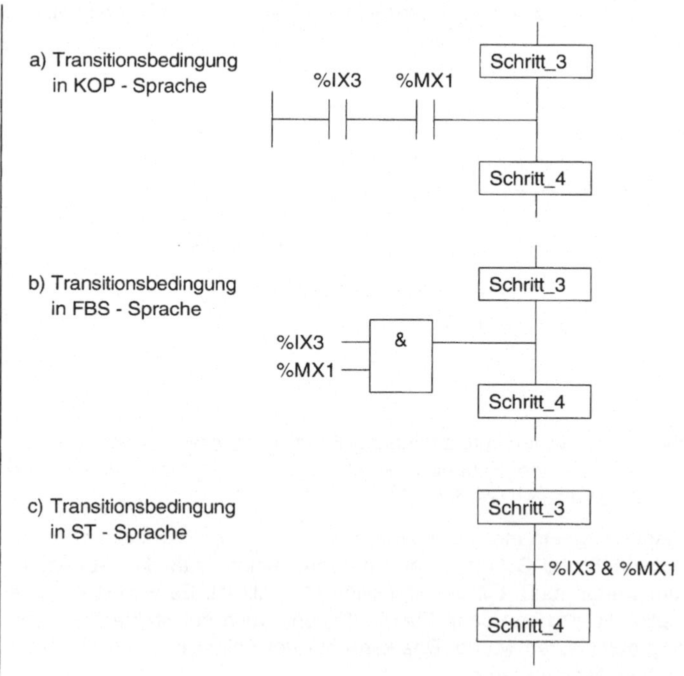

Hier werden zwei Ereignisse durch die logische UND-Funktion miteinander verknüpft. Dadurch wird die Transitionsbedingung erst erfüllt, sobald sowohl Eingang %IX3 als auch Merker %MX1 den Wert 1 besitzen.

Da der Strom- bzw. Signalfluß in den grafischen Sprachen KOP und FBS von links nach rechts erfolgt, werden die KOP oder FBS-Netzwerkteile links neben das Transitionssymbol (horizontale Linie) eingetragen.

Die Angabe des booleschen Ausdrucks in ST-Sprache erfolgt auf der rechten Seite des Transitionssymbols.

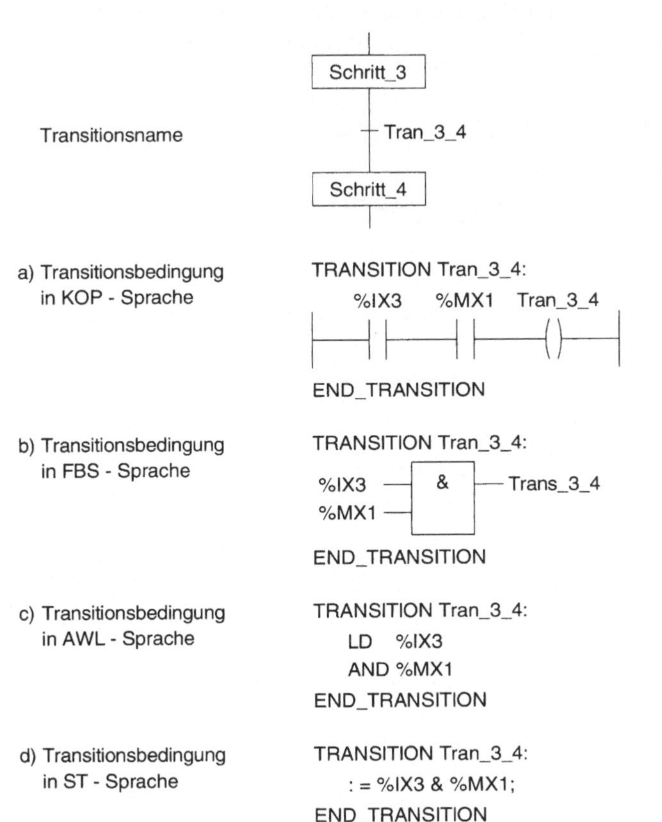

Bild B11.9:
Zuordnung einer Transitionsbedingung zur Transition durch Angabe eines Transitionsnamens

Bei Anwendung eines Transitionsnamens als Zuordnungsmechanismus von Transitionsbedingung zu Transition muß der Transitionsname auf ein Konstrukt TRANSITION...END_TRANSITION verweisen.

Innerhalb dieses Konstruktes wird die Transitionsbedingung formuliert und das boolesche Ergebnis auf den Transitionsnamen abgebildet.

Die Transitionsnamen innerhalb einer Programm-Organisationseinheit müssen wie auch die Schrittnamen alle voneinander verschieden sein. Die Namensbildung erfolgt nach der für symbolische Bezeichner geltenden Regel der IEC 1131-3.

Auch für das grafische Element Transition definiert die IEC 1131-3 eine äquivalente textuelle Darstellung. Die eigentliche Transitionsbedingung wird in einer der Sprachen AWL oder ST programmiert.

a) Transitionsbedingung formuliert in ST-Sprache

```
STEP Schritt_3: END_STEP
TRANSITION FROM Schritt_3 TO Schritt_4
    := %IX3 & %MX1;
END_TRANSITION
STEP Schritt_4: END_STEP
```

b) Transitionsbedingung formuliert in AWL-Sprache

```
STEP Schritt_3: END_STEP
TRANSITION FROM Schritt_3 TO Schritt_4
    LD %IX3
    AND %MX1;
END_TRANSITION
STEP Schritt_4: END_STEP
```

Bild B11.10:
Textuelle Darstellung
von Transitionen

Ein Schritt ist der Ausführungsteil der Ablaufsprache. Nur innerhalb von Schritten kann ein Programm oder ein Funktionsbaustein in einer Steuerung über ihre Ausgänge auf die angeschlossene Anlage einwirken, indem sie Ausgänge setzt oder rücksetzt.

Gliederung eines Schrittes in Aktionen

In jedem Schritt können mehrere Aktionen enthalten sein. Jede dieser Aktionen soll eine Teilaufgabe für die angeschlossene Anlage erledigen. Die Gliederung eines Schrittes in einzelne Aktionen besitzt zunächst nur eine ordnende Funktion. Durch sie wird der Schritt übersichtlicher, weil es klar erkennbare Grenzen zwischen den einzelnen Teilaufgaben gibt. Da aber jede Aktion ein Attribut besitzt, wird durch die Gliederung eines Schrittes in einzelne Aktionen zugleich auch eine zusätzliche Funktionalität definiert.

Als ein Sonderfall kann ein Schritt angesehen werden, der keine Aktionen enthält. Seine einzige Aufgabe ist es, zwei Weiterschaltbedingungen voneinander zu trennen, die nacheinander überprüft werden sollen. Er ermöglicht damit eine Wartefunktion. Erst muß die erste Weiterschaltbedingung erfüllt sein, gleichgültig, ob die zweite bereits erfüllt ist oder nicht, und danach muß die zweite Weiterschaltbedingung erfüllt sein.

Aktionsblöcke

Die grafische Programmierung von Schritten erfolgt durch einzelne Aktionsblöcke. Jede Aktion ist so mit bestimmten Eigenschaften verbunden.

Die Darstellung eines Aktionsblocks erfolgt durch eine tabellarische Form. Sie enthält feste Positionen zur Angabe des Attributes der Aktion, des Namens der Aktion und des Aktionsinhalts. Zusätzlich kann eine Rückkopplungsvariable eingetragen werden.

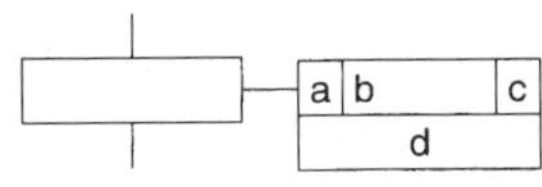

Feld a: Aktionsattribut:
N = nicht speichernd   D = zeitverzögert
S = setzend, speichernd   DS = zeitverzögert und gespeichert
R = rücksetzend   SD = gespeichert und zeitverzögert
P = Puls (einmalig)   SL = gespeichert und zeitbegrenzt
L = zeitbegrenzt

Feld b: Name der Aktion
Feld c: Rückkopplungsvariable
Feld d: Aktionsinhalt

Bild B11.11:
Grafische Darstellung
eines Aktionsblocks

Der Name b einer Aktion ist hier wieder ein normaler symbolischer Bezeichner der Norm. Er dient lediglich der Unterscheidung und hat darüberhinaus keine weitere Bedeutung.

Da häufig eine Liste von Aktionen zu einem Schritt gehört, kann sie auch in Verbindung mit ihm dargestellt werden.

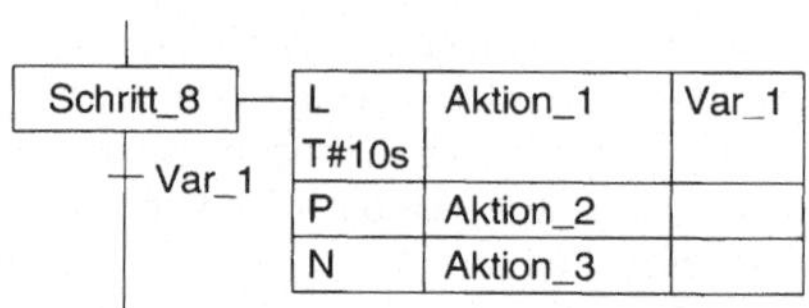

Bild B11.12:
Liste von Aktionsblöcken

Durch Aktionsblöcke erfolgt die Zuordnung von Aktionen zu einem Schritt in grafischer Form.

Die Zuordnung kann jedoch auch textuell formuliert werden. Für das Beispiel in Bild B11.12 ergibt sich dann folgende Darstellung:

Bild B11.13:
Textuelle Darstellung eines
Schrittes mit Aktionen

```
STEP Schritt_8
    Aktion_1( L, T#10s, Var_1 );
    Aktion_2( P );
    Aktion_3( N );
END_STEP
```

Der Inhalt einer Aktion, also die Aktion selbst, kann mit verschiedenen Methoden definiert werden:

- Angabe einer booleschen Variablen
- Programmierung in Anweisungsliste
- Programmierung in Strukturiertem Text
- Kontaktplansprache
- Funktionsbausteinsprache
- Ablaufsprache

Die Verwendung einer booleschen Variablen als Aktion ist eine einfache und häufig anzutreffende Form einer Aktion. In vielen Fällen werden aber komplexere Aktionen nötig sein, die eine sinnvolle Verknüpfung verschiedener Informationen enthalten.

In den Beispielen B11.14 bis B11.16 wird der Ausgang %QX1.2 gesetzt, wenn der Eingang %IX0.5 gesetzt ist oder wenn die Merker %MX1 und %MX3 gesetzt sind. Ist beides nicht zutreffend, wird der Ausgang %QX1.2 zurückgesetzt.

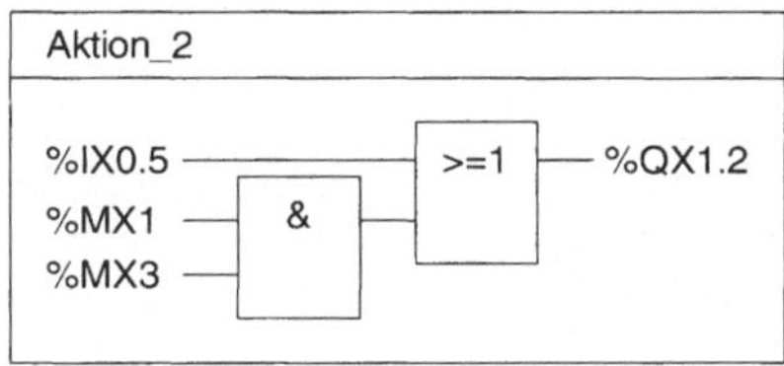

Bild B11.14:
Formulierung von Aktionen:
grafische Deklaration in
FBS-Sprache

Bild B11.15:
Formulierung von Aktionen:
grafische Deklaration in
KOP-Sprache

AWL-Sprache	ST-Sprache

ACTION Aktion_2:
  LD %IX0.5
  OR(%MX1
  AND %MX3
)
  ST %QX1.2
END_ACTION
	ACTION Aktion_2:
	  %QX1.2 := %IX0.5 OR (%MX1 AND %MX3);
	END_ACTION

Bild B11.16:
Formulierung von Aktionen:
textuelle Deklaration

Statt eines einzelnen Netzwerkes bzw. einer Folge von Anweisungen in den Textsprachen sind in einer Aktion auch mehrere Netzwerke zulässig. Es lassen sich so sehr umfangreiche Aktionen in einen Schritt einbauen. Auf diese Weise kann ein Schritt selbst wieder Ablaufstrukturen enthalten (Bild B11.17).

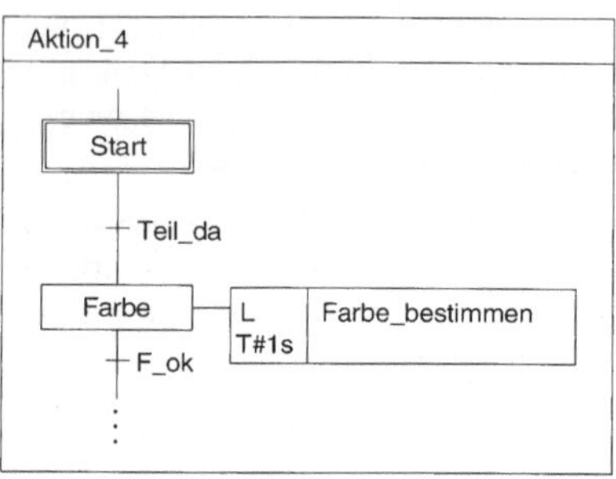

Bild B11.17:
Formulierung von Aktionen:
Einschluß von AS-Elemen-
ten in einer Aktion

Werden einzelne Felder eines Aktionsblockes nicht benötigt, wie zum Beispiel bei der Verwendung einer booleschen Variablen als Aktionsinhalt, so ist es erlaubt, die Darstellung eines Aktionsblockes noch etwas zu vereinfachen.

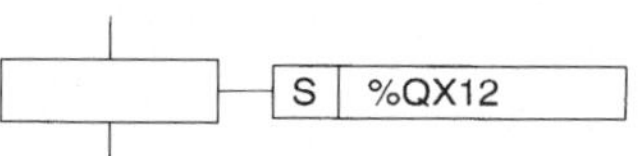

Bild B11.18:
Verkürzte Darstellung
eines Aktionsblocks

In jedem Aktionsblock kann optional eine Rückkopplungsvariable (Feld c) eingetragen werden. Rückkopplungsvariablen werden vom Anwender innerhalb der Aktion programmiert und zeigen deren Abschluß, Zeitüberschreitung oder Fehlerbedingungen an. Bild B11.19 zeigt einen häufig auftretenden Anwendungsfall. Hierbei ist die Kette aus Schritten und Transitionen so aufgebaut, daß eine Aktion eines Schrittes die nachfolgende Weiterschaltbedingung einstellt.

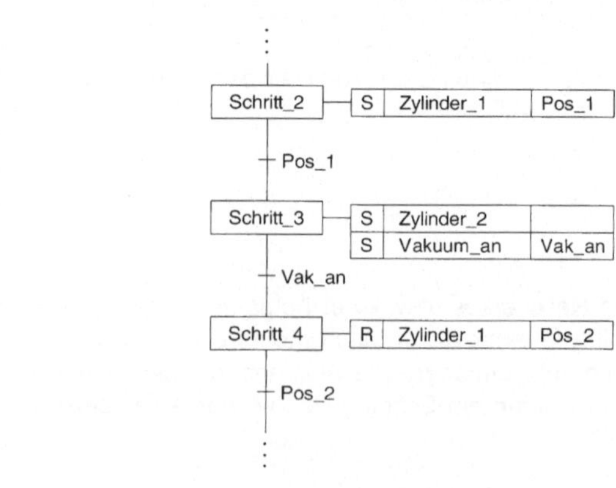

Bild B11.19:
Anwendung von
Rückkopplungsvariablen

Wirkungsweise von Aktionsattributen

Die Art der Ausführung der vom Anwender programmierten Aktionen wird durch das zugehörige Aktionsattribut festgelegt.

Als Attribute für Aktionen sieht die IEC 1131-3 vor

- **N** nicht gespeichert
- **S** setzen (speichernd)
- **R** rücksetzen
- **P** Puls (einmalig)
- **L** zeitbegrenzt
- **D** zeitverzögert
- **DS** zeitverzögert und gespeichert
- **SD** gespeichert und zeitverzögert
- **SL** gespeichert und zeitbegrenzt

Jede Aktion besitzt genau eines dieser Attribute. Zu den Attributen L, D, DS, SD, SL gehört außerdem die Angabe einer Zeit, da sie ein zeitliches Verhalten der Aktion definieren.

Die Attribute haben hierbei genau festgelegte Bedeutungen. Ist ein Schritt nicht aktiv, so wird auch keine Aktion des Schrittes ausgeführt. Für einen aktiven Schritt gelten folgende Methoden für die Ausführung eines Attributes zu einer Aktion.

N nicht gespeichert
- die Aktion wird solange ausgeführt, wie der Schritt aktiv ist.

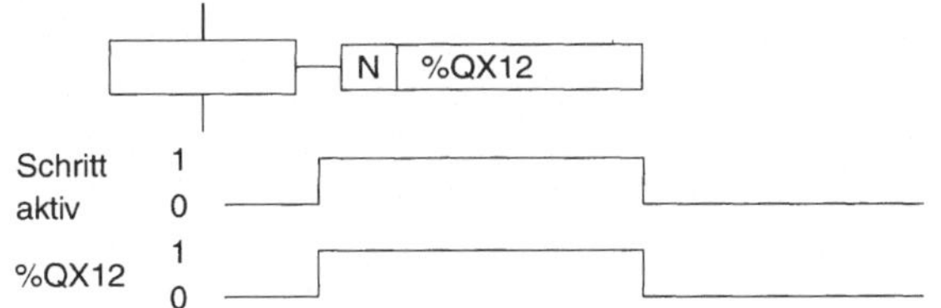

Bild B11.20:
Nicht speichernde Aktion

In oben angeführtem Beispiel wird der Ausgang %QX12 solange gesetzt, wie der Schritt, der diese Aktion enthält, aktiv ist. Nach Beendigung des Schrittes, also sobald die nachfolgende Weiterschaltbedingung erfüllt ist, wird der Ausgang selbsttätig wieder zurückgesetzt.

S setzen (speichernd)

- die ausgeführte Aktion wird dauerhaft eingeschaltet (speichernd gesetzt).

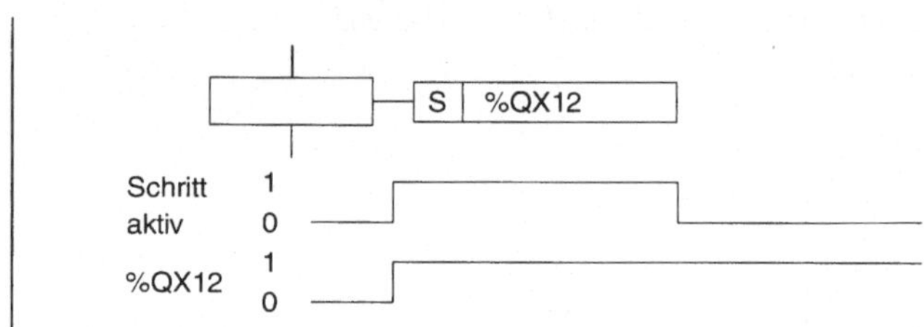

Bild B11.21:
Setzende (speichernde)
Aktion

In diesem Beispiel wird der Ausgang %QX12 solange gesetzt, wie der Schritt, der diese Aktion enthält, aktiv ist. Der Ausgang bleibt auch gesetzt, wenn die nachfolgende Weiterschaltbedingung erfüllt ist und der betrachtetet Schritt nicht mehr aktiv ist. Der Ausgang kann nur in einer anderen Aktion, versehen mit dem Attribut R, in einem anderen Schritt wieder zurückgesetzt werden.

R rücksetzen

- eine früher (in einem anderen Schritt) mit einem der Attribute S, DS, SD, L oder SL ausgeführte Aktion wird zurückgenommen.

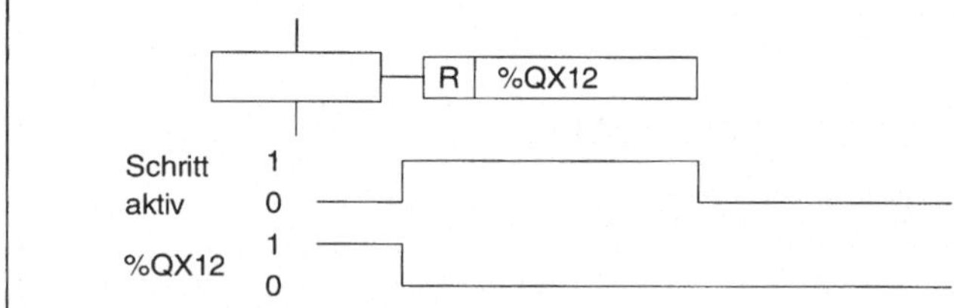

Bild B11.22:
Rücksetzende Aktion

Der Ausgang %QX12 wurde in einem anderen Schritt in einer Aktion mit einem der Attribute S, DS, SD, L oder SL gesetzt und wird durch diese Aktion wieder zurückgesetzt.

P Puls (einmalig)
- die Aktion wird einmalig ausgeführt

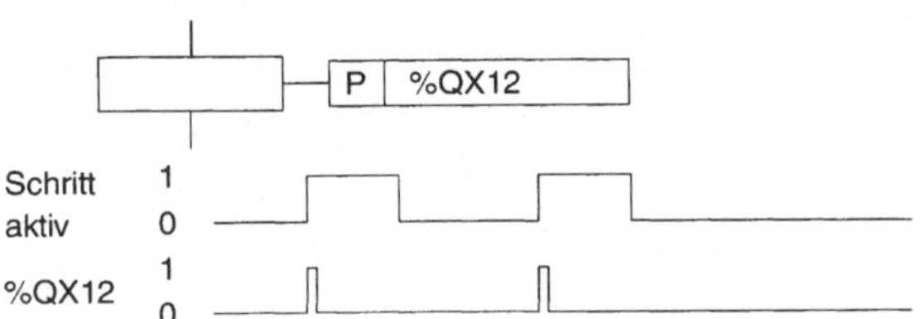

Bild B11.23:
Einmalige Aktion

Beim erstmaligen Bearbeiten der Aktion durch die Steuerung, innerhalb der Bearbeitung des Schrittes, wird der Ausgang %QX12 genau einmal gesetzt und danach wieder zurückgesetzt. Erst durch ein Verlassen des Schrittes und ein erneutes Wiedereintreten in den Schritt wird der Ausgang erneut einmalig gesetzt.

L zeitbegrenzt
- die Aktion wird für eine bestimmte Zeit ausgeführt.

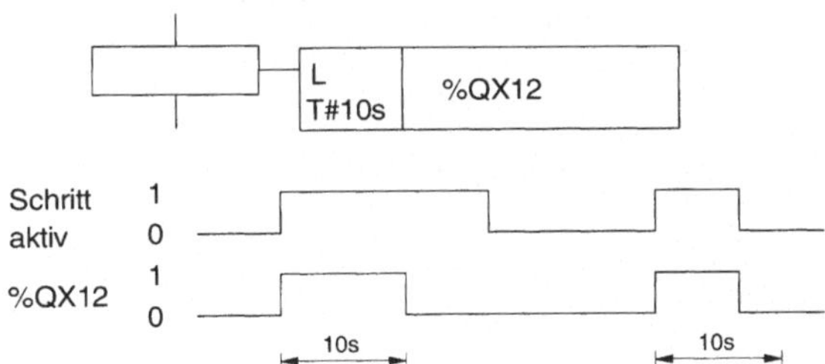

Bild B11.24:
Zeitbegrenzte Aktion

Der Ausgang %QX12 wird für 10 Sekunden gesetzt und anschließend wieder zurückgesetzt. Hier wird vorausgesetzt, daß der Schritt, der diese Aktion enthält, zumindest für 10 Sekunden aktiv ist. Wird die nachfolgenden Weiterschaltbedingung schon vor Ablauf dieser Zeit erfüllt, so reduziert sich auch die Einschaltdauer des Ausgangs, da er mit dem Ende des Schrittes in jedem Fall zurückgesetzt wird.

D zeitverzögert

- die Aktion wird zeitverzögert ausgeführt bis zum Ende des Schrittes.

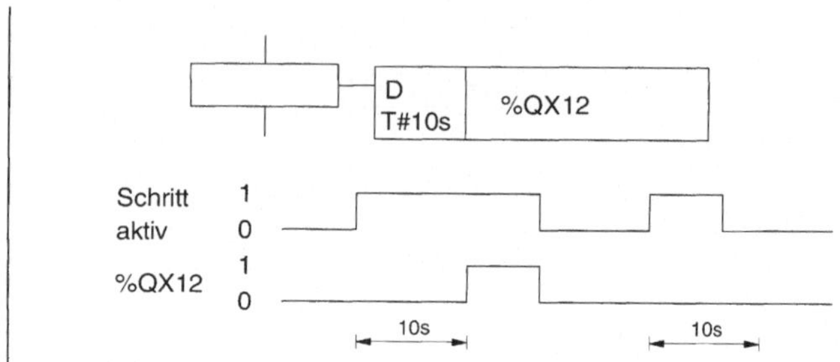

Bild B11.25:
Zeitverzögerte Aktion

Hier wird der Ausgang %QX12 erst nach Ablauf von 10 Sekunden gesetzt und bleibt gesetzt bis der Schritt inaktiv wird. Ist die Dauer der Aktivierung des Schrittes kleiner als 10 Sekunden, so wird der Ausgang während der Bearbeitung des Schrittes nicht gesetzt.

DS zeitverzögert und gespeichert

- die Aktion wird zeitverzögert ausgeführt und bleibt über das Ende des Schrittes hinaus erhalten.

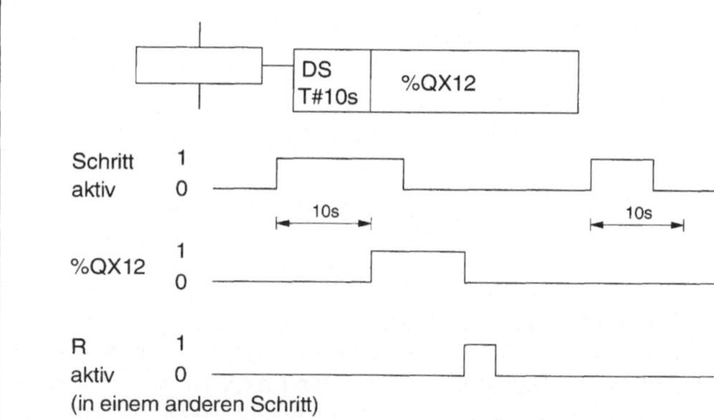

Bild B11.26:
Zeitverzögerte und
gespeicherte Aktion

Auch in diesem Beispiel wird der Ausgang %QX12 nach Ablauf von 10 Sekunden gesetzt. Er bleibt jedoch nach dem Ende des Schrittes gesetzt. Er muß durch eine andere Aktion mit dem Attribut R in einem anderen Schritt explizit zurückgesetz werden. Falls der Schritt nicht ausreichend lange, in diesem Fall weniger als 10 Sekunden lang, aktiv ist, wird auch der Ausgang niemals gesetzt.

SD gespeichert und zeitverzögert
- die Aktion wird zeitverzögert ausgeführt und bleibt über das Ende des Schrittes hinaus bestehen

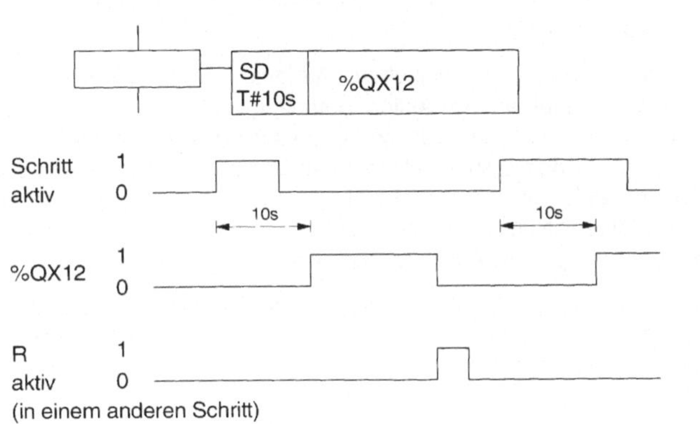

Bild B11.27:
Gespeicherte und
zeitverzögerte Aktion

Auch hier wird der Ausgang %QX12 nach Ablauf von 10 Sekunden gesetzt. Er bleibt nach Ende des Schrittes gesetzt. Er kann nur durch eine andere Aktion mit dem Attribut R (in einem anderen Schritt) explizit zurückgesetz werden. Im Gegensatz zur Wirkungsweise des DS-Attributes ist es hier für das Setzen des Ausgangs nicht erforderlich, daß der Schritt über die Dauer der Verzögerung aktiv ist.

SL gespeichert und zeitbegrenzt
- die Aktion wird für eine bestimmte Zeit dauerhaft ausgeführt.

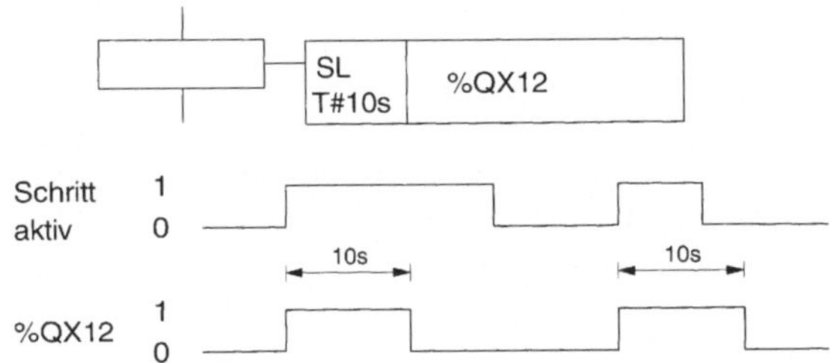

Bild B11.28:
Gespeicherte und
zeitbegrenzte Aktion

Der Ausgang wird für 10 Sekunden gesetzt und anschließend wieder zurückgesetzt. Hier wird im Gegensatz zur Wirkungsweise des L-Attributes nicht vorausgesetzt, daß der Schritt zumindest für 10 Sekunden aktiv ist.

Wird die nachfolgende Weiterschaltbedingung schon vor Ablauf dieser Zeit erfüllt, wenn also der Schritt weniger als 10 Sekunden aktiv ist, so bleibt die Einschaltdauer des Ausgangs hiervon unbeeinflußt. Durch eine andere Aktion mit dem Attribut R kann der Ausgang jederzeit zurückgesetzt werden.

Die Wirkungsweise der einzelnen Attribute wurde am Beispiel einer booleschen Variablen als Aktion aufgezeigt. Liegen komplexere, also nicht boolesche Aktionen vor, so ist die Art der Ausführung geringfügig anders als bei den bisher betrachteten booleschen Variablen. Solange der Schritt aktiv ist, werden die Netzwerke ständig bearbeitet. Sobald die nachfolgende Weiterschaltbedingung erfüllt ist, erfolgt aber nochmals eine einzige, letzte Bearbeitung der Netzwerke.

Durch diese Festlegung ist es möglich, bei Verwendung des N-Attributes für komplexere Aktionen am Bearbeitungsende der Aktion gezielt Variablen zurückzusetzen.

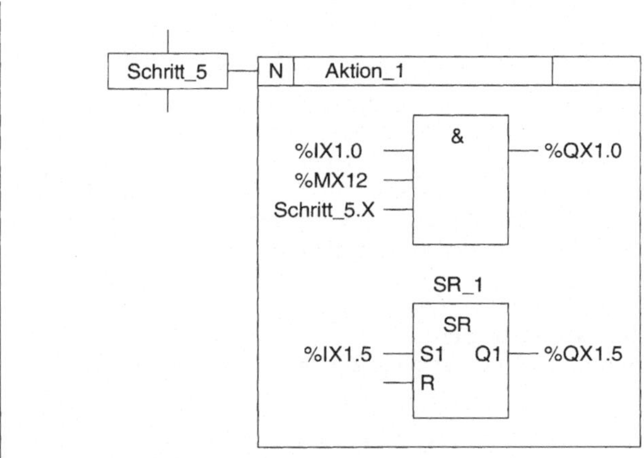

Bild B11.29:
Komplexe Aktion
in FBS-Sprache

Wird Schritt Schritt_5 deaktiviert, so erfolgt die letzte Bearbeitung der Netzwerke mit dem Wert 0 für den Schrittmerker Schritt_5.X. Dadurch wird erreicht, daß der Ausgang %QX1.0 bei Verlassen des Schrittes auf 0 zurückgesetzt wird.

Problembeschreibung

Auf einem Förderband werden Bauteile jeweils gemeinsam zu den beiden Teilarbeitsstationen transportiert. Der Bohrer und der Versenker bewegen sich dann nach unten, sobald sich dort ein Bauteil befindet. Zur Bewegung dieser beiden Arbeitsgeräte dienen zwei Zylinder 1.0 und 2.0. Die Transporteinrichtung wird mit einem dritten Zylinder 3.0 um eine Arbeitsposition weitergeschaltet.

Um zu erkennen, ob ein Werkstück unter dem Bohrer bzw. unter dem Versenker liegt, gibt es die beiden Sensoren B1 und B2. Die erforderlichen Bohr- und Versenktiefen werden über zwei Endlagesensoren B6 und B7 abgefragt. Die Grundstellungen des Transportzylinders, des Bohrers und des Versenkers sind an den Werten der Sensoren B3, B4 und B5 erkennbar. Der Sensor B8 zeigt einen ausgefahrenen Transportzylinder an.

Es sei bei der Anlage nicht sichergestellt, daß nach einer Transportbewegung sowohl unter dem Bohrer als auch unter dem Versenker immer ein Werkstück zu liegen kommt. Die Bearbeitung soll dann für das fehlende Werkstück aussetzen. Wenn einmal beide Werkstücke zugleich fehlen, sollen beide Arbeitsgeräte nicht abgesenkt werden.

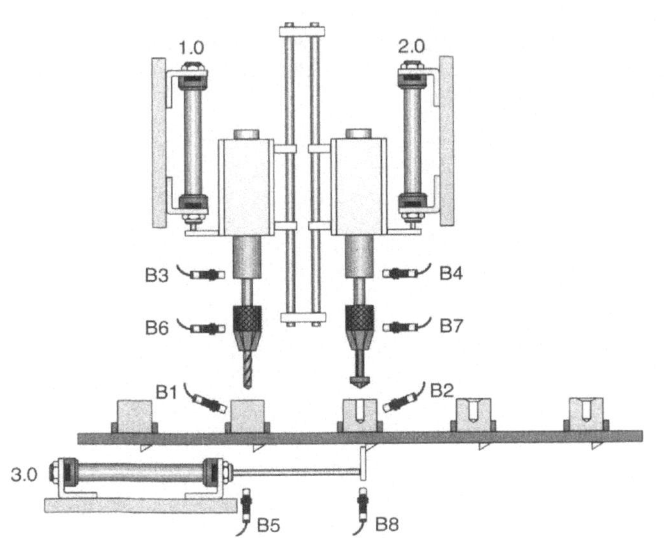

Bild B11.30:
Lageplan

Zuordnungsliste

Betriebsmittel-bezeichnung	SPS-Eingang/ SPS-Ausgang	Aufgabe
B1	%IX0.1	Werkstück unter dem Bohrer erkennen
B2	%IX0.2	Werkstück unter dem Versenker erkennen
B3	%IX0.3	Grundstellung des Bohrers (oben)
B4	%IX0.4	Grundstellung des Versenkers (oben)
B5	%IX0.5	Grundstellung des Transportzylinders
B6	%IX0.6	Untere Endlage des Bohrers erreich
B7	%IX0.7	Untere Endlage des Versenkers erreicht
B8	%IX0.8	Transportzylinder ausgefahren
Y1	%QX0.1	Absenken des Bohrers
Y2	%QX0.2	Absenken des Versenkers
Y3	%QX0.3	Transportvorschub

Tabelle B11.4:
Zuordnungsliste

Aufgabenstellung

Für diese Aufgabe ist das Steuerprogramm zu entwerfen. Die Lösung soll mit den Mitteln der Ablaufsprache eine Strukturierung erreichen. An die Schritte und Transitionen sollen sodann die Bedingungen und Aktionen angetragen werden. Das Programm soll zyklisch durchlaufen werden.

Zur Vereinfachung darf angenommen werden, daß keine Zeitgeber verwendet werden müssen, um Toleranzen der Positionierung auszugleichen.

Lösung

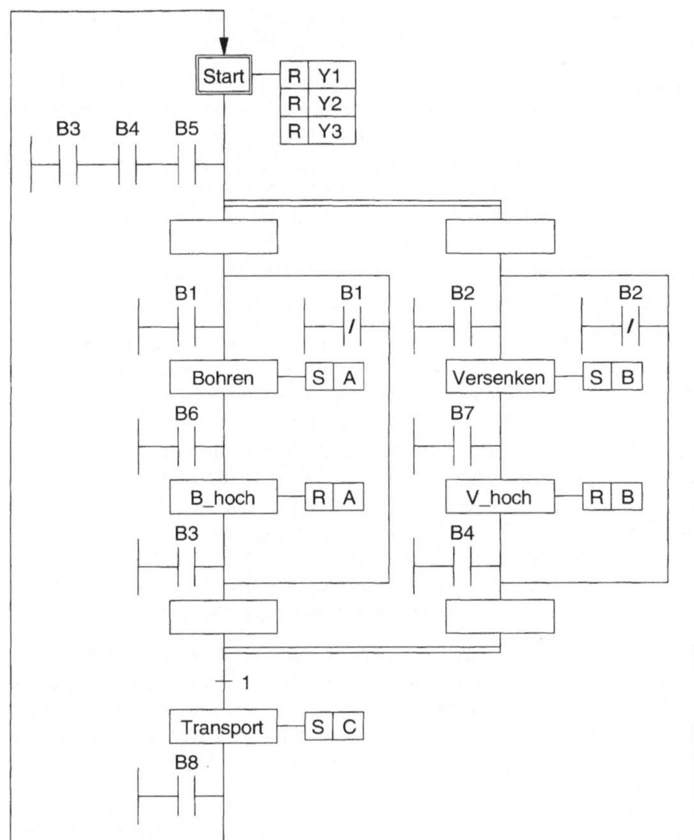

Bild B11.31:
Programm in
Ablaufsprache

In einem Startschritt werden alle Zylinder in ihre Grundstellung gebracht. Dieser Schritt wird zugleich dazu genutzt, nach dem Ende des Programms den im letzten Schritt Transport ausgefahrenen Zylinder für die Transporteinrichtung wieder zurückzufahren.

Sind alle Zylinder in ihrer Grundstellung, so beginnt eine parallele Verzweigung mit zwei Ablaufketten für das Bohren und das Absenken. Beide Ablaufketten enthalten in diesem Beispiel die gleichen Aufgaben, benutzen aber verschiedene Objekte. Die linke Kette senkt den Bohrer ab und hebt ihn wieder, und die rechte Kette behandelt auf gleiche Weise den Versenker. Die Ketten unterscheiden sich nur in den verwendeten Sensoren und Aktoren. Um die nötige Reihenfolge von Schritten und Transitionen einzuhalten, ist in beiden Ablaufketten oben und unten ein leerer Schritt enthalten.

Für den Bohrer verläuft das Programm nun wie folgt. Ob ein Werkstück vorhanden ist, erkennt es an dem Wert des Sensors B1. Ist dieser gleich 1, so ist das Werkstück in der erforderlichen Lage, der Bohrvorgang beginnt. Andernfalls wird in einem alternativen Pfad hierzu der gesamte Bohrvorgang umgangen. Das Bohren des Loches beginnt mit dem Herunterfahren des Bohrers durch das Setzen von Y1. Nachdem die untere Endlage erreicht ist, das Loch also fertig gebohrt ist, signalisiert der Sensor B6 das Ende des Bohrens. Im nächsten Schritt wird der Bohrer wieder nach oben in seine Ruhelage gefahren. Dieser Teil der alternativen Verzweigung endet, wenn der Bohrer oben angekomen ist. Für den Versenker folgt das Programm der gleichen Methode.

Sind beide parallelen Ketten beendet, so erfolgt in dem Programm ein Übergang zum Transportschritt. Die nötige Synchronisation – also das Bohren und Versenken fertig – wird durch die Ablaufsprache sichergestellt und muß daher nicht gesondert behandelt werden. Hier ist eine immer erfüllte Weiterschaltbedingung eingefügt, damit sich Schritte und Transitionen abwechseln.

Im letzten Schritt Transport wird der Zylinder der Transporteinrichtung ausgefahren und in der nächsten Transitionsbedingung wird auf das Ende dieser Aktion gewartet. Danach beginnt der gesamte Vorgang von neuem.

Kapitel 12

Verknüpfungssteuerungen

| 12.1 *Was ist eine Verknüpfungs- steuerung ?* | Verknüpfungssteuerungen sind Steuerungen, die durch Anwendung von booleschen Verknüpfungen programmiert werden. Während eines Bearbeitungszyklus werden alle Verknüpfungen bearbeitet und ausgeführt. |

12.1 Was ist eine Verknüpfungs- steuerung ?

Verknüpfungssteuerungen sind Steuerungen, die durch Anwendung von booleschen Verknüpfungen programmiert werden. Während eines Bearbeitungszyklus werden alle Verknüpfungen bearbeitet und ausgeführt.

Steuerungsaufgaben, die typischerweise als Verknüpfungssteuerung realisiert werden, sind also dadurch gekennzeichnet, daß kein zeitlicher Ablauf innerhalb des Prozesses gegeben ist, sondern alle bzw. die meisten Bedingungen des Steuerprogramms gleichzeitig untersucht werden müssen.

Beispiele für Verknüpfungssteuerungen findet man deshalb u.a. bei SPS-Anwendungen, in denen sicherheitstechnische Aspekte von Bedeutung sind. Die Überwachung bestimmter Bedingungen muß häufig unabhängig vom zeitlichen Ablauf des Prozesses und permanent erfolgen. Diese Anforderungen sind beispielsweise gegeben bei:

- Schutzschaltungen: ein Gerät darf nur laufen, wenn alle Schutzeinrichtungen eingeschaltet sind
- Sicherheitsverriegelungen

12.2 Verknüpfungs- steuerungen ohne Speicher- verhalten

Verknüpfungssteuerungen ohne Speicherverhalten lassen sich durch eine Kombination boolescher Verknüpfungen beschreiben. Es werden also die Ausgangssignale einer Steuerung zu einem gegebenen Zeitpunkt nur durch die Kombination der Eingangssignale bestimmt.

Aus den Grundverknüpfungen UND, ODER und NICHT lassen sich beliebig komplexe Verknüpfungen – und damit auch Steuerungen – erstellen.

Zur Beschreibung des Problems und zur Lösungsfindung werden einige Methoden der Booleschen Algebra wie Funktionstabelle, Boolesche Gleichung und Disjunktive Normalform (DNF) eingesetzt. Die Bedeutung dieser Methoden zeigt sich u.a. bei komplexeren Anwendungen zur Verknüpfungssteuerung. Die eigentliche Programmierung der Verknüpfungssteuerung erfolgt bevorzugt in den Sprachen Kontaktplan und Funktionsbausteinsprache.

Typische boolesche Verknüpfungen
Nachfolgend sind steuerungstechnische Grundaufgaben wie boolesche Verknüpfungen mit SPS realisiert.

Die Lösungen sind dargestellt in den Sprachen KOP, FBS, AWL und ST. Den Lösungsteilen vorangestellt ist die Deklaration der benötigten SPS-Eingänge und SPS-Ausgänge. Ferner sind auch die Beschreibungsmöglichkeiten Funktionstabelle und Boolesche Gleichung mit angeführt.

Negation:
Das Ausgangssignal hat den Wert 1, wenn das Eingangssignal den Wert 0 hat und umgekehrt.

Solange ein Schalter S1 nicht betätigt wird, leuchtet die Lampe H1; sie erlischt, wenn der Schalter geschlossen wird. S1 dient also zum Ausschalten der Lampe.

Beispiel

Funktionstabelle

S1	H1
0	1
1	0

Boolsche Gleichung

$$H1 = \overline{S1}$$

Bild B12.1:
Beschreibungsmethoden

```
VAR
    S1 AT %I2.5    : BOOL;
    H1 AT %Q1.4    : BOOL;
END_VAR
```

Bild B12.2:
Deklaration der Variablen

a) KOP

b) FBS

c) AWL

```
LDN   S1
ST    H1
```

d) ST

```
H1 := NOT S1;
```

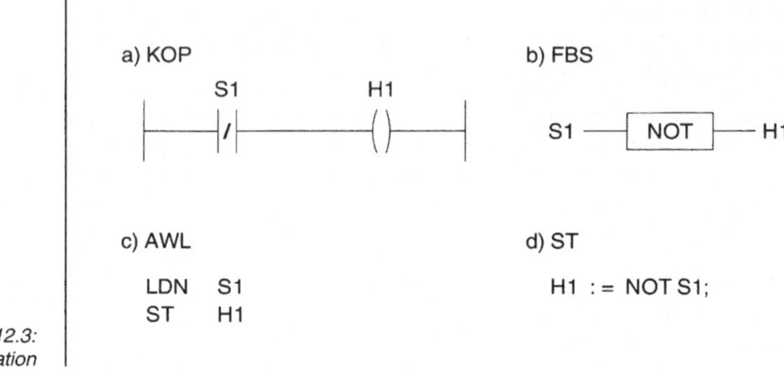

Bild B12.3: Negation

UND-Verknüpfung:
Das Ausgangssignal hat nur dann den Wert 1, wenn alle Eingangssignale den Wert 1 haben.

Beispiel Eine Lampe H1 soll nur dann eingeschaltet werden, wenn zwei Schalter S1 und S2 betätigt sind.

Funktionstabelle

S1	S2	H1
0	0	0
0	1	0
1	0	0
1	1	1

Boolsche Gleichung

$H1 = S1 \wedge S2$

Bild B12.4: Beschreibungsmethoden

```
VAR
   S1 AT %I2.5     : BOOL;
   S2 AT %I2.6     : BOOL;
   H1 AT %Q1.4     : BOOL;
END_VAR
```

Bild B12.5: Deklaration der Variablen

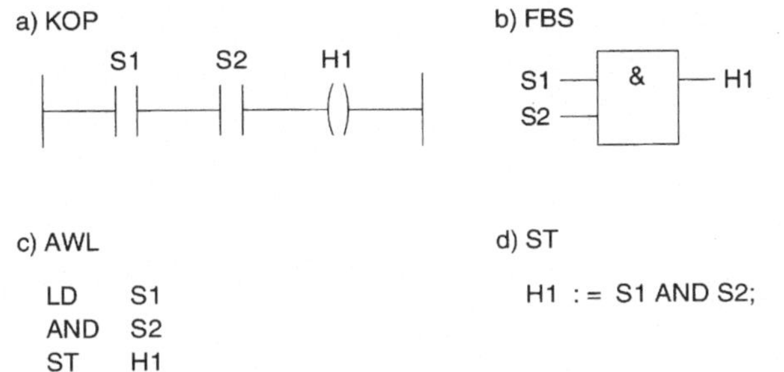

a) KOP

S1 S2 H1

b) FBS

S1 — & — H1
S2 —

c) AWL

```
LD    S1
AND   S2
ST    H1
```

d) ST

```
H1 : = S1 AND S2;
```

Bild B12.6:
UND-Verknüpfung

ODER-Verknüpfung:

Das Ausgangssignal hat den Wert 1, wenn mindestens ein Eingangssignal den Wert 1 hat.

Eine Lampe H1 soll eingeschaltet werden, wenn wenigstens ein Schalter Schalter S1 oder S2 betätigt wird.

Beispiel

Funktionstabelle

S1	S2	H1
0	0	0
0	1	1
1	0	1
1	1	1

Boolsche Gleichung

$$H1 = S1 \lor S2$$

Bild B12.7:
Beschreibungsmethoden

```
VAR
    S1 AT %I2.5    : BOOL;
    S2 AT %I2.6    : BOOL;
    H1 AT %Q1.4    : BOOL;
END_VAR
```

Bild B12.8:
Deklaration der Variablen

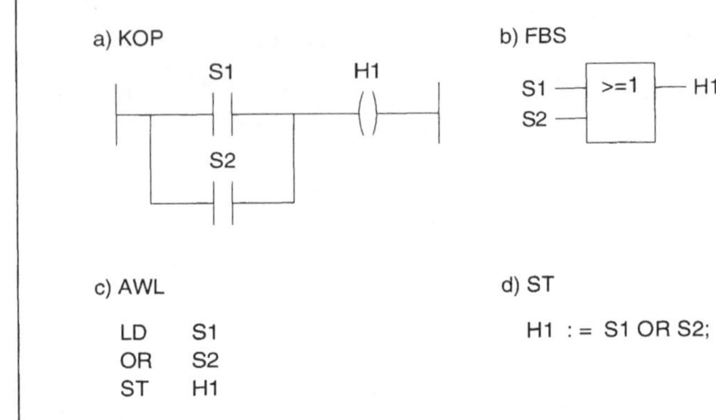

Bild B12.9:
ODER-Verknüpfung

Kombination von Verknüpfungen

Beispiel Eine Lampe H1 soll nur dann aufleuchten, wenn genau zwei der drei Schalter S1, S2, S3 betätigt werden.

Als erstes wird die Funktionstabelle erstellt. Es werden nun diejenigen Kombinationen ausgewählt, die als Ergebnis eine 1 liefern. Dies sind Zeile 4, 6 und 7. Aus diesen Kombinationen läßt sich die Boolesche Gleichung und damit die Lösung erstellen. Die Umsetzung der Lösung in die einzelnen Programmiersprachen ist in Bild B12.12 enthalten.

Funktionstabelle

S1	S2	S3	H1
0	0	0	0
0	0	1	0
0	1	0	0
0	1	1	1
1	0	0	0
1	0	1	1
1	1	0	1
1	1	1	0

Boolsche Gleichung

$$H1 = (\overline{S1} \wedge S2 \wedge S3)$$
$$\vee (S1 \wedge \overline{S2} \wedge S3)$$
$$\vee (S1 \wedge S2 \wedge \overline{S3})$$

Bild B12.10:
Beschreibungsmethoden

```
VAR
    S1 AT %I2.5    : BOOL;
    S2 AT %I2.6    : BOOL;
    S3 AT %I2.7    : BOOL;
    H1 AT %Q1.4    : BOOL;
END_VAR
```

Bild B12.11:
Deklaration der Variablen

a) KOP

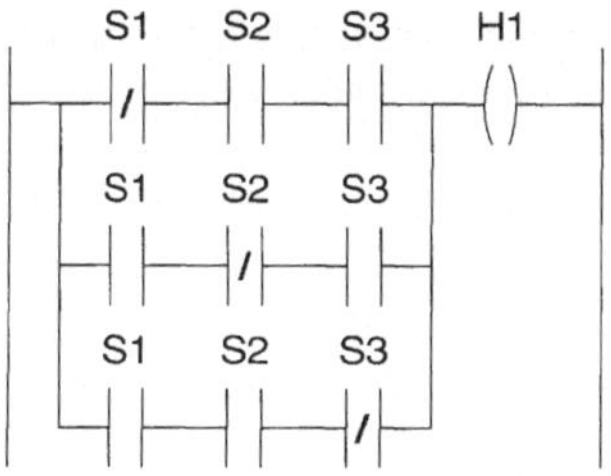

b) FBS

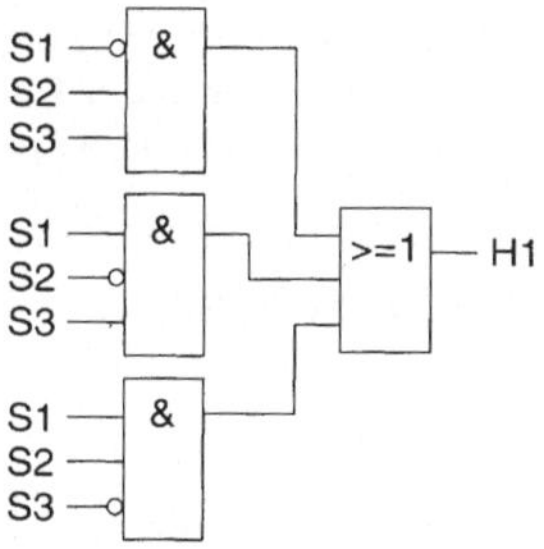

c) AWL

```
LD (      S3
AND       S2
ANDN      S1
)
OR (      S1
ANDN      S2
AND       S3
)
OR (      S1
AND       S2
ANDN      S3
)
ST        H1
```

d) ST

```
H1  : = (NOT S1 AND S2 AND S3)
          OR (S1 AND NOT S2 AND S3)
          OR (S1 AND S2 AND NOT S3);
```

Bild B12.12:
Kombination boolescher
Verknüpfungen

12.3 Verknüpfungs-
steuerungen
mit Speicher-
verhalten

In vielen SPS-Anwendungen sind elementare Speicheroperationen erforderlich. Eine Speicherfunktion liegt dann vor, wenn ein kurzzeitig aufgetretener Signalzustand festgehalten, also gespeichert ist. Die Ausgangssignale sind zu einem gegebenen Zeitpunkt nicht nur abhängig von der Kombination der Eingangssignale, sondern auch von der "Vorgeschichte".

Als Beispiel sei hier ein Schalter zum Ein- und Ausschalten einer Lampe angeführt.

Die IEC 1131-3 definiert zwei Funktionsbausteine zur Realisierung von Speicherfunktionen. Es sind dies die Funktionsbausteine SR (vorrangig Setzen) und RS (vorrangig Rücksetzen). Eine Beschreibung der Bausteine ist nachfolgend aufgeführt.

Funktionsbaustein SR

```
        ┌──────────┐
        │    SR    │
BOOL ───┤ S1    Q1 ├─── BOOL
BOOL ───┤ R        │
        └──────────┘
```

Bild B12.13:
Funktionsbaustein SR,
vorrangig Setzen

Der Standard-Funktionsbaustein SR enthält ein dominant setzendes Flipflop (bistabiler Speicher mit Vorzugslage 1). Ein 1-Signal an seinem Setz-Eingang S1 (engl. set) setzt das Flipflop, d. h. der Wert von Q1 wird zu 1. Welcher Wert am Rücksetz-Eingang R (engl. reset) anliegt, ist gleichgültig. Ein 1-Signal am Rücksetz-Eingang R bringt den Ausgang Q1 nur dann auf den Wert 0, wenn der Setz-Eingang S1 ebenfalls 0 ist. Bei diesem Flipflop ist also der Setz-Eingang dominant.

Funktionsbaustein RS

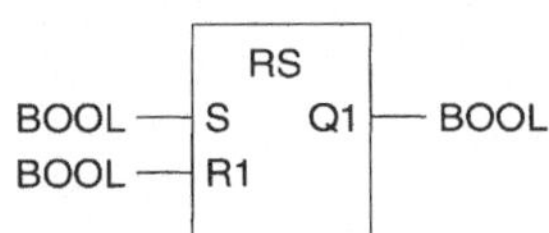

Bild B12.14:
Funktionsbaustein RS,
vorrangig Rücksetzen

Der Standard-Funktionsbaustein RS enthält ein dominant rücksetzendes Flipflop (bistabiler Speicher mit Vorzugslage 0). Ein 1-Signal an seinem Rücksetz-Eingang R1 setzt das Flipflop zurück, d.h. der Wert von Q1 wird zu 0. Welcher Wert am Setz-Eingang S anliegt, ist gleichgültig.

Eine Anwendung von elementaren Speicheroperationen ist in nachfolgendem Beispiel enthalten.

Führt der Sensor B1 1-Signal, so liegt ein fehlerhafter Zustand in der Anlage vor. Eine Hupe H1 ertönt. Die Hupe läßt sich nur durch Betätigen des Tasters S1 ausschalten. Das Abschalten der Hupe ist möglich, auch wenn das B1-Signal weiter ansteht.

Beispiel

```
VAR
    B1 AT %IX1      : BOOL;   (* Sensor erkennt fehlerhaften Zustand    *)
    S1 AT %IX2      : BOOL;   (* Taster                                 *)
    H1 AT %QX1      : BOOL;   (* Hupe                                   *)
    RS_H1           : RS;     (* Flipflop mit Namen RS_H1 für Zustand   *)
                              (* der Hupe                               *)
END_VAR
```

Bild B12.15:
Deklaration der Variablen

In der Sprachen FBS und ST werden die Speicheroperationen durch Aufruf einer Kopie des RS-Funktionsbausteins realisiert. Die Kopie trägt in diesem Beispiel den Namen RS_H1. Der Aufruf in FBS geschieht durch grafisches Verbinden der aktuellen Übergabeparameter mit den Eingängen der Funktionsbaustein-Kopie. Da der Wert der Funktionsbaustein-Kopie von Interesse ist, wird der Ausgang der Funktionsbaustein-Kopie entsprechend verbunden.

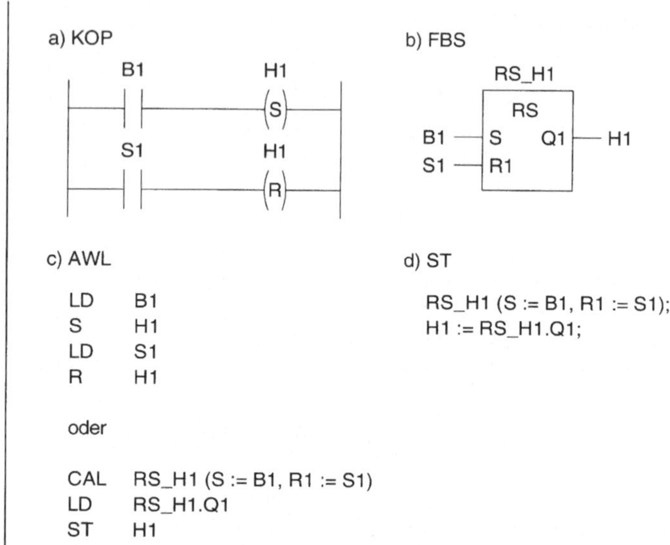

Bild B12.16:
Anwendung des Funktions-
bausteins RS

In der Textsprache ST erfolgt der Aufruf durch Angabe des Namens der Funktionsbaustein-Kopie. Gleichzeitig werden die aktuellen Parameter mit aufgeführt. Auf den Wert des Ausgangs der Funktionsbaustein-Kopie RS_H1 kann zugegriffen werden über die Variable RS_H1.Q1; der Name der Ausgangsvariable ist also festgelegt durch den Namen der Funktionsbaustein-Kopie und durch den Namen des gewünschten Ausgangs.

In den Sprachen KOP und AWL gibt es eigene Operationen zum speichernden setzen oder rücksetzen von Variablen. Damit kann hier die Anwendung eines RS-Funktionsbausteins entfallen. Es ist zu beachten, daß die Reihenfolge der Setz- und Rücksetzbefehle entscheidend für das Verhalten der SPS ist. Der Befehl, der dominant sein soll – hier der Rücksetzbefehl – darf erst nach dem Setzbefehl im Programm stehen, damit er als letzter ausgeführt wird und damit das Verhalten – in diesem Fall des Ausgangs – bestimmt.

Signale, die über Sensoren an die Eingänge gelangen, werden von der Zentraleinheit der SPS als 0- oder 1-Signale ausgewertet, wobei die Dauer der Signalzustände 0 und 1 durch den Sensor festgelegt wird.
Zum Beispiel: Solange ein Taster gedrückt ist, steht ein 1-Signal an, sonst wird ein 0-Signal empfangen.

In vielen Fällen kommt es jedoch nicht auf das Signal selbst an, sondern auf den exakten Augenblick, in dem sich das Signal ändert. Eine solche Signaländerung heißt **Flanke**.

Zur Verdeutlichung kann man an die Schalter (Taster) einer Beleuchtungsanlage denken. Hier ist die Flankenauswertung mechanisch realisiert. Durch Betätigen des Tasters geht das Licht an (gleichgültig, wie lange man auf diesen Taster drückt). Wenn der Taster inzwischen gelöst wurde, kann durch erneutes Drücken das Licht ausgeschaltet werden.

Genauso muß in einer SPS der Moment registriert werden, in dem das Eingangssignal von 0 auf 1 wechselt. Denn es darf – unabhängig davon, wie lange das 1-Signal ansteht – immer nur eine einzige Reaktion pro Tastendruck ausgelöst werden. Damit vermeidet man, daß durch einen zu lang anhaltenden Tastendruck ein Vorgang durch die Steuerung mehrfach in Gang gesetzt wird. Die Flanken des Eingangssignals werden per Programm ausgewertet.

Man spricht in diesem Zusammenhang von **Flankenerkennung**. Jedes binäre Signal besitzt steigende und fallende Flanken:

12.4 Flankenauswertung

Beispiel

Steigende und fallende Flanken

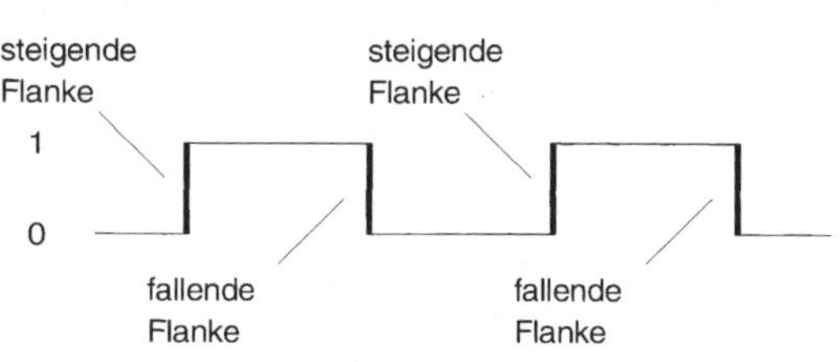

Bild B12.17:
Steigende und
fallende Flanken

Die **steigenden Flanken** markieren die Augenblicke, in denen eine Pegeländerung von 0 nach 1 stattfindet.

Die **fallenden Flanken** markieren die Augenblicke, in denen eine Pegeländerung von 1 nach 0 stattfindet.

Ob innnerhalb eines Programms oder Funktionsbausteins die steigenden oder die fallenden Flanken ausgewertet werden, hängt davon ab, wie der betreffende Sensor verdrahtet (Öffner, Schließer) ist und wie er benutzt wird.

Ein Taster (Schließer) beispielsweise erzeugt jeweils im Moment des Drückens eine steigende Flanke, im Moment des Loslassens eine fallende Flanke.

Zur Auswertung von Flanken stellt die IEC 1131-3 zwei Standard-Funktionsbausteine zur Verfügung.

Funktionsbaustein R_TRIG, steigende Flanke

Zur Erkennung von steigenden oder positiven Flanken dient der Standard-Funktionsbaustein R_TRIG (engl. rising). Sein Ausgang Q hat von einer Ausführung des Funktionsbausteins bis zur nächsten den Wert 1, wenn sein Eingang CLK (engl. clock für Takt) von 0 nach 1 wechselt.

Bild B12.18:
Funktionsbaustein
R_TRIG,
steigende Flanke

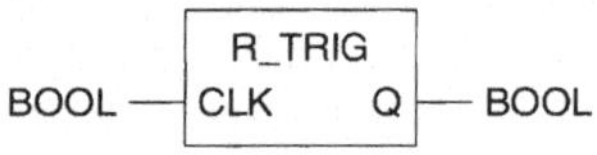

Funktionsbaustein F_TRIG, fallende Flanke

Eine fallende oder negative Schaltflanke wird mit dem Funktionsbaustein F_TRIG (engl. falling) erkannt. Liegt am Eingang CLK ein Wechsel von 1 nach 0 vor, so führt der Ausgang Q für einen Bearbeitungszyklus den Wert 1.

Bild B12.19:
Funktionsbaustein
F_TRIG,
fallende Flanke

Für das nachfolgende Beispiel ist die Programmierung der Flankenauswertung in den Sprachen FBS, KOP, AWL und ST gezeigt. Es werden
die steigenden Flanken ausgewertet.

Durch Betätigen eines Tasters S1 wird die Tür eines Brennofens geöffnet. Nochmaliges Betätigen des Tasters S1 führt zum Schließen der
Tür.

Beispiel

```
VAR
    S1 AT %IX1      : BOOL;   (* Schalter für die Türe                        *)
    H1 AT %QX1      : BOOL;   (* Spule zum Ansteuern des Zylinders            *)
                             (* für die Türe                                 *)
    RS_Y1           : RS;     (* Flipflop mit Namen RS_Y1 für Zustand         *)
                             (* der Spule                                    *)
    R_TRIG_S1       : R_TRIG; (* Funktionsbaustein mit Namen R_TRIG_S1        *)
                             (* zur Erkennung der Flanke an S1               *)
END_VAR
```

Bild B12.20:
Deklaration der Variablen

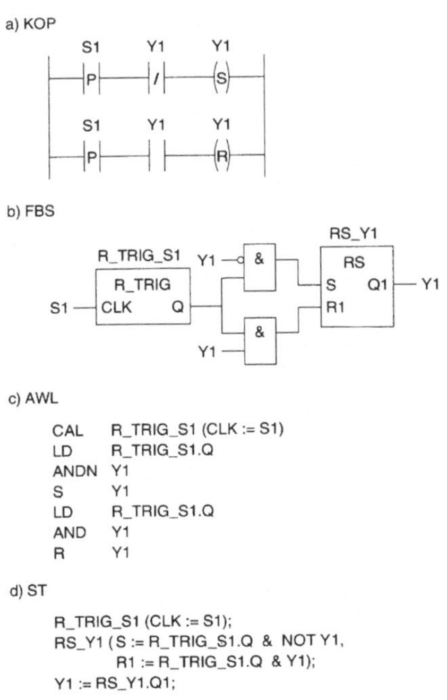

Bild B12.21:
Anwendung des Funktions-
bausteins R_TRIG

In den Sprachen FBS, AWL und ST erfolgt die Flankenerkennung durch Aufruf eines R_TRIG-Funktionsbausteins. Der im Beispiel verwendete trägt den Namen R_TRIG_S1; R_TRIG_S1 repräsentiert eine Kopie des Funktionsbausteins vom Typ R_TRIG.

In der Sprache KOP gibt es spezielle Kontakte zur Auswertung von Flanken. Damit kann hier der Aufruf eines R_TRIG-Funktionsbausteins entfallen.

Kapitel 13

Zeitgeber

13.1 Einführung

Viele Steuerungsaufgaben erfordern die Programmierung von Zeiten. So soll beispielsweise ein Zylinder 2.0 ausfahren, wenn Zylinder 1.0 eingefahren ist – jedoch erst nach einer Verzögerung von 5 Sekunden. In diesem Fall handelt es sich um eine Einschaltverzögerung. Einschaltverzögerungen beim Einschalten von Leistungsteilen sind oft auch aus Sicherheitsgründen erforderlich.

Die Zeitgeber einer SPS sind als Softwarebausteine realisiert und basieren auf digitaler Zeitbildung. Die gezählten Zeittakte werden vom Quarzgenerator des Mikroprozessors abgeleitet. Im Steuerprogramm wird die gewünschte Zeitdauer eingestellt.

Drei Arten von Zeitgeber-Funktionsbausteinen (Timer) sind in der IEC 1131-3 definiert:

- TP Impulszeitgeber
- TON Einschaltverzögerung
- TOF Ausschaltverzögerung

Die Angabe der Zeitdauer erfolgt in einem festgelegten Zeichenformat. Eingeleitet wird eine Zeitangabe durch die Zeichen T# oder t#, diesen folgen die zeitlichen Anteile, das sind Tage, Stunden, Minuten, Sekunden, Millisekunden.

d	Tag
h	Stunde
m	Minute
s	Sekunde
ms	Millisekunde

Damit sind Beispiele zulässiger Zeitangaben:

T#2h15m
t20s
T#10M25S
t#3h_40m_20s

Details zu Zeitangaben sind in Kapitel 6.2 zu finden.

Der Funktionsbaustein TP (engl. timer pulse) ist ein Impulszeitgeber. Er wird durch ein kürzeres oder längeres 1-Signal am Eingang IN gestartet. Am Ausgang Q steht nun für die Zeit, die an seinem Eingang PT (engl. preset time) angegeben wurde, ein 1-Signal an. Das Ausgangssignal Q hat also eine feste Dauer, die durch den Anwender mittels einer Zeitangabe spezifiziert werden kann. Solange der Impulszeitgeber läuft, kann er nicht erneut gestartet werden. Der aktuelle Zeitwert des Impulszeitgebers steht am Ausgang ET (engl. estimated time) zur Verfügung.

13.2 Impulszeitgeber

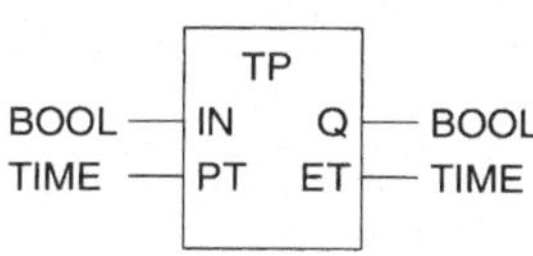

Bild B13.1:
Funktionsbaustein TP,
Impulszeitgeber

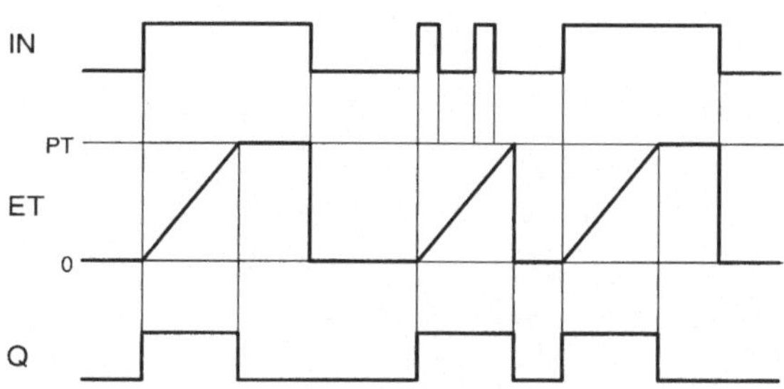

Bild B13.2:
Zeitdiagramm des Impuls-
zeitgebers TP

Beispiel

Die Anwendung des Impulszeitgebers ist an einem Beispiel dargestellt.

Durch Drücken des Starttasters S2 soll der Kolben eines Zylinders ausfahren. Mit dieser Vorrichtung werden Werkstücke eingespannt. Nachdem der Kolben vollständig ausgefahren ist, muß er 20 Sekunden in dieser Position bleiben. Danach kehrt der Zylinder in seine Ausgangsposition zurück.

Bild B13.3:
Deklaration der
Variablen

```
VAR
    S2 AT %IX1      : BOOL;    (* Starttaster                              *)
    B1 AT %IX2      : BOOL;    (* Zylinder eingefahren                     *)
    B2 AT %IX3      : BOOL;    (* Zylinder ausgefahren                     *)
    Y1 AT %QX1      : BOOL;    (* Zylinder ausfahren                       *)
    SR_Y1           : SR;      (* Flipflop mit Namen SR_Y1 für Zustand     *)
                               (* von Y1                                   *)
    TP_Y1           : TP;      (* TP-Funktionsbaustein  mit Namen TP_Y1    *)
END_VAR
```

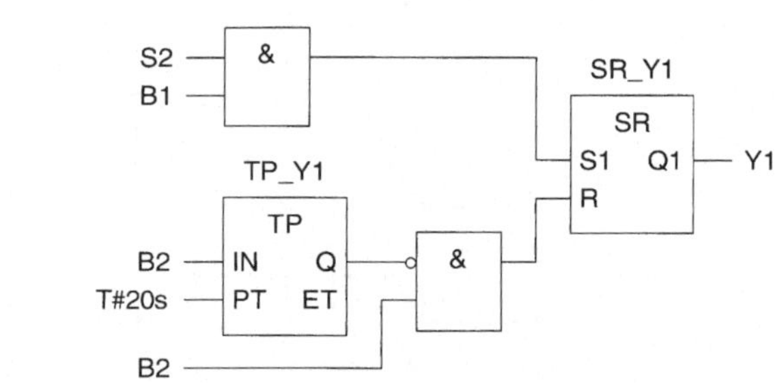

Bild B13.4:
Anwendung des Impulszeit-
gebers in der Sprache FBS

Die Steuerungsaufgabe ist exemplarisch in der Sprache FBS programmiert. Ein Zeitgeber-Funktionsbaustein kann selbstverständlich auch in jeder der anderen Sprachen verwendet werden. Am Beispiel einer Ausschaltverzögerung ist dies für die Sprachen FBS, KOP, AWL und ST in Kapitel 13.4 gezeigt.

Das Ventil Y1 zur Ansteuerung des Zylinders wird über ein SR-Flipflop mit Namen SR_Y1 geschaltet. Die Setzbedingung für SR_Y1 ist erfüllt, wenn der Starttaster bei eingefahrenem Zylinder betätigt wird. Sobald der Zylinder ausgefahren ist, wird durch die steigende Flanke von Sensor B2 der Impulszeitgeber mit Namen TP_Y1 mit der Zeit 20 Sekunden gestartet. Ausgang Q von TP_Y1 führt nun 1-Signal. Ist der Impulszeitgeber abgelaufen – die 20 Sekunden sind verstrichen – so steht am Ausgang Q von TP_Y1 eine 0 an. Die Rücksetzbedingung für SR_Y1 ist erfüllt: der Zylinder fährt wieder ein.

Hinweis: Formulierungen wie "Impulszeitgeber mit Namen TP_Y1" bedeuten: TP_Y1 ist eine Kopie des Funktionsbausteins vom Typ TP, in diesem Fall also eine Kopie des Impulszeitgebers.

Zur Erzeugung von Einschaltverzögerungen dient der Funktionsbaustein TON (engl. timer on-delay). Nach dem Start über ein 1-Signal am Eingang IN geht erst nach Ablauf der am Eingang PT angegebenen Zeit der Ausgang Q auf den Wert 1 und hält diesen, bis das Eingangssignal IN wieder auf 0 zurückgeht. Falls die Dauer des Eingangssignals IN kürzer als die angegeben Zeit PT ist, bleibt der Wert des Ausgangs bei 0.

13.3 Einschaltverzögerung

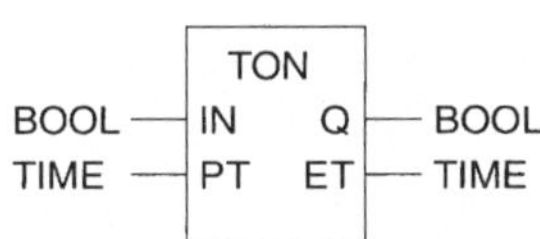

*Bild B13.5:
Funktionsbaustein TON,
Einschaltverzögerung*

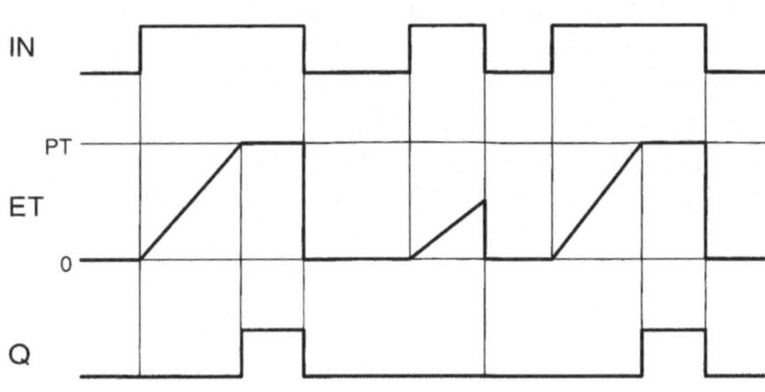

*Bild B13.6:
Zeitdiagramm der Einschaltverzögerung TON*

Beispiel

Nach Betätigen eines Starttasters S1 fährt ein Zylinder 1.0 aus. Nachdem dieser 2 Sekunden ausgefahren ist, bewegt sich ein zweiter Zylinder 2.0 in seine vordere Endlage. Die Sensoren B1 und B2 geben die hintere und die vordere Endlage des Zylinders 1.0 an.

Bild B13.7:
Deklaration der
Variablen

```
VAR
    S1 AT %IX1       : BOOL;    (* Starttaster                              *)
    B1 AT %IX2       : BOOL;    (* Zylinder 1.0 eingefahren                 *)
    B2 AT %IX3       : BOOL;    (* Zylinder 1.0 ausgefahren                 *)
    Y1 AT %QX1       : BOOL;    (* Zylinder 1.0 ausfahren                   *)
    Y2 AT %QX2       : BOOL;    (* Zylinder 2.0 ausfahren                   *)
    RS_Y1            : RS;      (* Flipflop mit Namen RS_Y1 für Y1          *)
    TON_Y2           : TON;     (* Einschaltverzögerung mit Namen           *)
                                (* TON_Y2 für Y2                            *)
END_VAR
```

Bild B13.8:
Anwendung der
Einschaltverzögerung
in der Sprache FBS

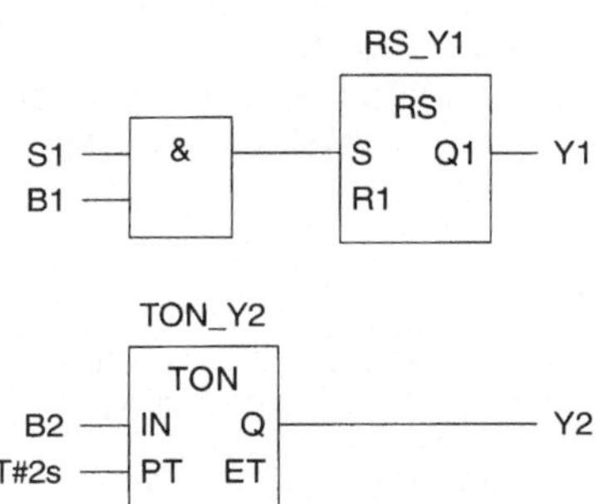

Zylinder 1.0 wird durch das Ventil Y1 gesteuert. Sobald Zylinder 1.0 ausgefahren ist und somit der Sensor B2 1-Signal führt, wird die Einschaltverzögerung mit Namen TON_Y2 gestartet. Nach Ablauf von 2 Sekunden liegt am Ausgang Q von TON_Y2 ein 1-Signal an, der Zylinder 2.0 fährt aus. Zylinder 2.0 bleibt solange ausgefahren wie das 1-Signal am IN-Eingang von TON_Y2 ansteht, d. h. solange Zylinder 1.0 ausgefahren bleibt.

Wie das vorliegende Beispiel zeigt, müssen nicht alle Eingänge und Ausgänge eines Funktionsbausteins verbunden bzw. versorgt sein.

Ist ein Eingang eines Funktionsbausteins nicht verbunden – im konkreten Fall der R1-Eingang von RS_Y1 – so wird der Wert des Eingangs vom vorherigen Aufruf verwendet. In diesem Fall ist dies der Initialisierungswert der Variablen R1; als boolesche Variable ist R1 mit dem Wert 0 vorbelegt, also arbeitet der Funktionsbaustein RS_Y1 bei seinem Aufruf mit dem Wert 0 für den Parameter R1.

TOF (engl. timer off-delay) ist der Name des Funktionsbausteins für eine Ausschaltverzögerung. Durch ein 1-Signal an seinem Eingang IN wird der Zeitgeber gestartet. Zugleich erhält das Ausgangssignal Q den Wert 1. Nach dem Zurückgehen des Eingangssignals IN auf den Wert 0 bleibt der Ausgang noch für die Zeit PT auf 1 und kehrt erst nach deren Ablauf zum Wert 0 zurück.

13.4 Ausschaltverzögerung

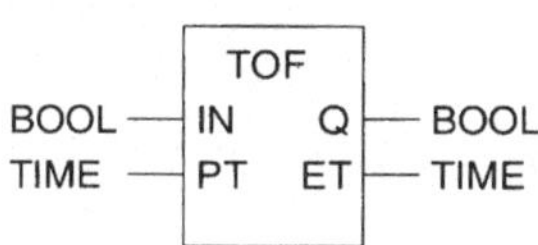

*Bild B13.9:
Funktionsbaustein TOF,
Ausschaltverzögerung*

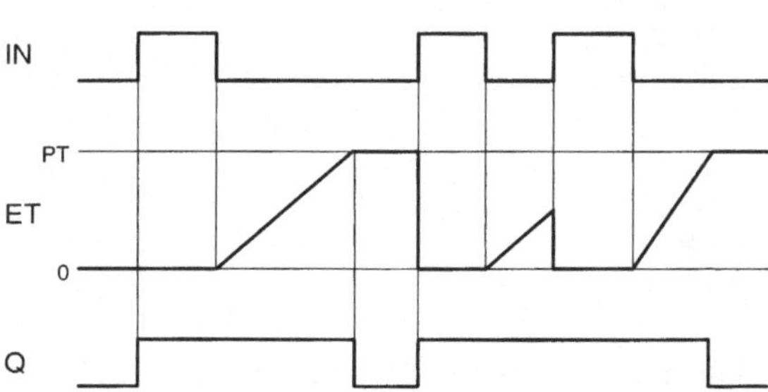

*Bild B13.10:
Zeitdiagramm der Ausschaltverzögerung TOF*

In nachfolgendem Beispiel ist eine Anwendung der Ausschaltverzögerung in den Sprachen FBS, KOP, AWL und ST dargestellt.

Beispiel   Nach Betätigen eines Tasters soll ein Zylinder einer Prägevorrichtung augenblicklich ausgefahren werden. Wird der Taster losgelassen, so soll der Zylinder erst nach einer Prägedauer von 30 Sekunden zurückfahren.

Bild B13.11: Deklaration der Variablen

```
VAR
    S1 AT %IX1      : BOOL;   (* Schalter                              *)
    Y1 AT %QX1      : BOOL;   (* Zylinder ausfahren                    *)
    TOF_Y1          : TOF;    (* Ausschaltverzögerung mit Namen        *)
                              (* TOF_Y1 für Y1                         *)
END_VAR
```

a) KOP

```
                 TOF_Y1
      S1      ┌──────────┐    Y1
    ──┤ ├─────┤ TOF      │───( )──
              │ IN     Q │
    T#30s ────┤ PT    ET │
              └──────────┘
```

b) FBS

```
                 TOF__Y1
              ┌──────────┐
              │ TOF      │
    S1    ────┤ IN     Q ├──── Y1
    T#30s ────┤ PT    ET │
              └──────────┘
```

c) AWL

```
    CAL    TOF_Y1 (IN := S1, PT := T#30s)
    LD     TOF_Y1.Q
    ST     Y1
```

d) ST

```
    TOF_Y1 (IN :=S1, PT := T#30s);
    Y1 := TOF_Y1.Q;
```

Bild B13.12: Anwendung der Einschaltverzögerung in der Sprache FBS

Zur Realisierung der Ausschaltverzögerung des Prägezylinders wird in allen Sprachen eine Kopie des TOF-Funktionsbausteins mit Namen TOF_Y1 aufgerufen.

In der Sprache KOP ist der Funktionsbaustein über den booleschen Starteingang IN und den booleschen Ausgang Q in den Strompfad "eingehängt". Liefert der Schließer S1 ein 1-Signal, so liegt am Ausgang Q von TOF_Y1 ebenfalls ein 1-Signal an. Der Wert von Q wird auf die Variable Y1 abgebildet. Sobald das 1-Signal von S1 auf 0 zurückgeht, steht am Ausgang Q von TOF_Y1 noch für die Zeit von 30 Sekunden eine 1 an, anschließend wird 0-Signal ausgegeben.

In den Textsprachen AWL und ST erfolgt der Aufruf der Ausschaltverzögerung durch Angabe des Namens TOF_Y1 der deklarierten Kopie und Auflistung der relevanten Übergabeparameter. Der Zustand der Ausschaltverzögerung ist über den Ausgang Q erhältlich. Im vorliegenden Beispiel ist in der Variablen TOF_Y1.Q der Zustand der Auschaltverzögerung TOF_Y1 gespeichert.

Kapitel 14

Zähler

14.1 Zählfunktionen

Zähler dienen zum Erfassen von Stückzahlen und Ereignissen. Steuerungen müssen in der Praxis sehr oft mit Zählern arbeiten. Zum Beispiel braucht man einen Zähler, wenn mit einer Sortiervorrichtung immer genau 10 gleiche Teile auf ein Förderband gebracht werden sollen.

Die IEC 1131-3 unterscheidet drei verschiedene Zählerbausteine:

- CTU: Aufwärts-Zähler
- CTD: Abwärts-Zähler
- CTUD: Auf-Abwärts-Zähler

Mit diesen Standard-Funktionsbausteinen werden gewöhnliche, nicht zeitkritische Zählvorgänge erfaßt.

Für viele Steuerungsaufgaben ist es jedoch notwendig, sogenannte schnelle Zähler einzusetzen. "Schnell" bedeutet hier meist eine Zählfrequenz von mehr als 50 Hz, d. h. pro Sekunde werden mehr als 50 Ereignisse gezählt. Solche Aufgaben sind mit den gewöhnlichen Zähl-Funktionsbausteinen einer SPS meist nicht zu lösen.

Einschränkungen in der Zählfrequenz der Zähl-Funktionsbausteine sind durch die Signalverzögerung an den Eingängen gegeben. Jedes Eingangssignal – also auch das Zählsignal – wird um eine bestimmte Zeit verzögert, bevor es zur Verarbeitung in der SPS freigegeben wird. Dadurch werden Störsignale abgehalten. Eine weitere Einschränkung ist die Zykluszeit der SPS.

Deshalb werden für SPS im allgemeinen zusätzliche Zählbaugruppen für schnelle Zählaufgaben angeboten. Eingesetzt werden schnelle Zähler beispielsweise bei der Positionierung von Werkstücken.

14.2 Aufwärts-Zähler

Der Aufwärts-Zähler hat die Bezeichnung CTU (engl. count up) erhalten. Durch ein Signal an dem Rücksetzeingang R wird der Zähler auf den Startwert 0 gebracht.

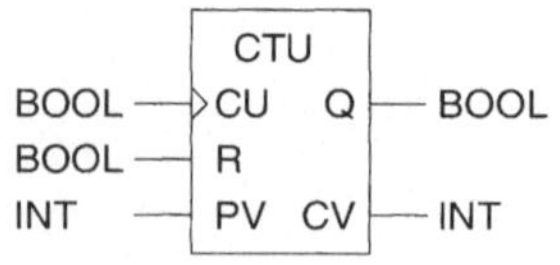

```
              CTU
            ┌───────┐
BOOL ─────▷│CU    Q│── BOOL
BOOL ──────│R      │
INT  ──────│PV   CV│── INT
            └───────┘
```

Bild B14.1:
Funktionsbaustein CTU,
Aufwärts-Zähler

Dieser aktuelle Zählerstand ist an dem Ausgang CV (engl. current value) verfügbar. Anschließend wird bei jeder positiven Flanke an dem Zähleingang CU (engl. count up) der Wert im Zähler um 1 erhöht. Zugleich wird in dem Funktionsbaustein der aktuelle Wert mit dem Vorwahlwert PV (engl. preset value) verglichen. Sobald der aktuelle Wert CV gleich oder größer als der Vorwahlwert ist, geht das Ausgangssignal auf den Wert 1. Vor Erreichen dieses Wertes führt der Ausgang Q ein 0-Signal.

Das nachfolgende Beispiel zeigt eine Anwendung des Aufwärts-Zählers in den Sprachen FBS, KOP, AWL und ST.

Durch einen Zylinder sollen Teile aus einem Fallmagazin ausgeschoben werden. Durch Betätigen des Tasters S1 fährt der Zylinder aus, schiebt ein Werkstück aus und fährt anschließend wieder ein. Aus diese Weise sollen 15 Teile ausgeworfen werden. Sind 15 Teile ausgeschoben worden, so darf durch den Taster S1 keine Zylinderbewegung mehr ausgelöst werden. Zuvor muß der Zähler durch Betätigen des Tasters S2 erst zurückgesetzt werden.

Beispiel

```
VAR
    S1 AT %IX1      : BOOL;    (* Taster für Zylinderbewegung                *)
    S2 AT %IX2      : BOOL;    (* Taster zum Zurücksetzen Zähler CTU_Y1      *)
    B1 AT %IX3      : BOOL;    (* Zylinder eingefahren                       *)
    B2 AT %IX4      : BOOL;    (* Zylinder ausgefahren                       *)
    Y1 AT %QX1      : BOOL;    (* Zylinder ausfahren                         *)
    Y1_ausfahren
        AT %MX1     : BOOL;    (* speichert Bedingung: Zylinder ausfahren    *)
    CTU_Y1_M
        AT %MX2     : BOOL;    (* speichert den Zustand des Zählers CTU_Y1   *)
    RS_Y1           : RS;      (* Flipflop mit Namen RS_Y1 für Y1            *)
    CTU_Y1          : CTU;     (* Aufwärts-Zähler mit Namen CTU_Y1 für die   *)
                              (* Zylinderbewegungen                         *)
END_VAR
```

*Bild B14.2:
Deklaration der
Variablen*

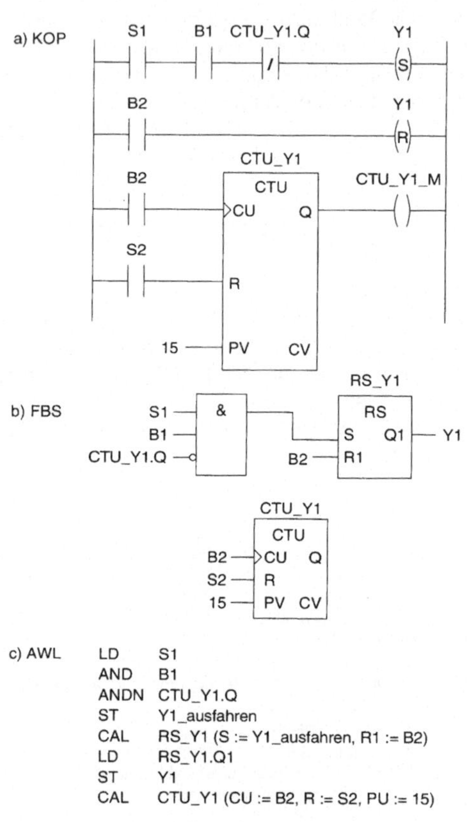


```
c) AWL    LD     S1
          AND    B1
          ANDN   CTU_Y1.Q
          ST     Y1_ausfahren
          CAL    RS_Y1 (S := Y1_ausfahren, R1 := B2)
          LD     RS_Y1.Q1
          ST     Y1
          CAL    CTU_Y1 (CU := B2, R := S2, PU := 15)


d) ST     RS_Y1 ( S := S1 & B1 & NOT CTU_Y1.Q, R1 := B2);
          Y1 := RS_Y1.Q1;
          CTU (CU := B2, R := S2, PU := 15);
```

Bild B14.3:
Anwendung des
Aufwärts-Zählers

Zur Realisierung der Zählfunktion wird in allen Sprachen ein CTU-Funktionsbaustein (Aufwärts-Zähler) verwendet; im konkreten Beispiel lautet der Name der deklarierten Kopie CTU_Y1.

Die Ansteuerung des Zylinders erfolgt durch ein Ventil Y1. Das Ventil selbst wird über ein RS-Flipflop mit Namen RS_Y1 geschaltet. Der Zylinder fährt nur aus, wenn der Taster S1 bei eingefahrenem Zylinder (B1=1) und nicht abgelaufenem Zähler (CTU_Y1.Q = 0) betätigt wird. Hat der Zylinder seine vordere Endlage erreicht (B2=1), so geht der Wert von Y1 auf 0 zurück, der Zylinder fährt wieder ein.

Die Hübe des Zylinders werden durch den Zähler mit Namen CTU_Y1 erfaßt. Der Zähler besitzt zu Beginn der Bearbeitung einen definierten Zustand, da alle Variablen vorbelegt sind. Dies bedeutet: befindet sich der Zylinder in Grundstellung und sind keine Taster betätigt, so liegen an B2 und S2 und damit am CU und R-Eingang 0-Signal an; der Vorwahlwert PV beträgt 15, der aktuelle Zählwert CV ist 0. Der Zähler ist folglich noch nicht abgelaufen, an seinem Ausgang Q liegt der Wert 0 an.

Durch Betätigen des Tasters S1 fährt der Zylinder aus, die steigende Flanke von B2 führt zu einem Zählimpuls und der aktuelle Wert CV von CTU_Y1 wird um 1 erhöht. Sind 15 Zylinderbewegungen ausgeführt worden, so ist der aktuelle Zählwert CV gleich dem Vorwahlwert PV; der Zähler ist abgelaufen, dies wird durch den Wert 1 an seinem Ausgang Q angezeigt. Der Zylinder führt nun erst wieder Hübe aus, wenn der Zähler zurückgesetzt, also neu gestartet wird. Dies geschieht durch Betätigen des Tasters S2; das 1-Signal am R-Eingang setzt den aktuellen Zählwert CV auf 0, am Ausgang Q steht daher 0-Signal an.

Auf eine Besonderheit in der Sprache AWL sei an dieser Stelle noch hingewiesen. In AWL dürfen Übergabeparameter für einen Funktionsbaustein-Aufruf nur einzelne Variablen sein. Ausdrücke sind nicht erlaubt. Deshalb wird die UND-Verknüpfung der Variablen S1, B1 und CTU_Y1.Q auf die boolesche Variable Y1_ausfahren abgebildet und diese dann als Übergabeparameter verwendet.

Der Funktionsbaustein CTD (engl. count down) ist der Abwärts-Zähler der IEC 1131-3 und stellt das Gegenstück zum Aufwärts-Zähler dar.

Mit einem 1-Signal am Eingang LD (engl. load) wird der Abwärts-Zähler mit dem Vorwahlwert PV geladen. Während des normalen Betriebs erniedrigt jede positive Flanke am Eingang CD (engl. count down) den Zählerstand. Der aktuelle Zählerstand ist auch hier am Ausgang CV verfügbar. Der Ausgang Q des Funktionsbausteins CTD ist solange 0, bis der aktuelle Zählerstand CV kleiner oder gleich 0 wird.

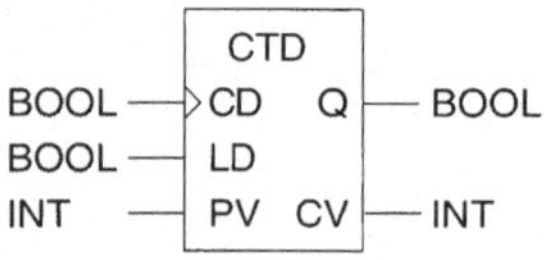

Bild B14.4:
Funktionsbaustein CTD,
Abwärts-Zähler

Auch die Anwendung eines Abwärts-Zählers wird an einem kleinen Beispiel demonstriert.

Beispiel Ein Zylinder wird durch ein Ventil Y1 bewegt. Die Position des Zylinders wird durch die Sensoren B1 (eingefahren) und B2 (ausgefahren) gemeldet. Auf Tastendruck von S1 soll der Zylinder ausfahren. Sind auf diese Weise 10 Hübe ausgeführt, so leuchtet die Lampe H1, der Zähler ist abgelaufen. Bevor nun wieder Zylinderbewegungen ausgeführt werden können, muß erst der Zähler neu mit dem Vorwahlwert geladen werden. Dies geschieht durch Betätigen des Tasters S2.

```
VAR
    S1 AT %IX1      : BOOL;   (* Taster für Zylinderbewegung              *)
    S2 AT %IX2      : BOOL;   (* Taster zum Zurücksetzen Zähler CTD_Y1   *)
    B1 AT %IX3      : BOOL;   (* Zylinder eingefahren                    *)
    B2 AT %IX4      : BOOL;   (* Zylinder ausgefahren                    *)
    Y1 AT %QX1      : BOOL;   (* Zylinder ausfahren                      *)
    H1 AT %QX2      : BOOL;   (* Lampe                                   *)
    RS_Y1           : RS;     (* Flipflop mit Namen RS_Y1 für Y1         *)
    CTD_Y1          : CTD;    (* Abwärts-Zähler mit Namen CTD_Y1 für die *)
                             (* Zylinderbewegungen                       *)
END_VAR
```

Bild B14.5:
Deklaration der
Variablen

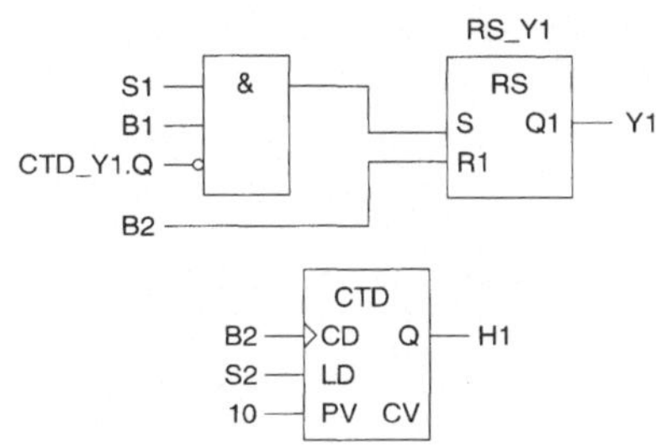

Bild B14.6:
Anwendung des Abwärts-
Zählers in der Sprache FBS

Das Ventil Y1 wird durch ein RS-Funktionsbaustein mit Namen RS_Y1 geschaltet. Die Setzbedingung ist erfüllt, wenn der Zylinder eingefahren, der Zähler noch nicht abgelaufen ist und Taster S1 betätigt wird. Nachdem der Zylinder vollständig ausgefahren ist, steht am Ausgang Q1 von RS_Y1 wieder eine 0 an.

Die Hübe des Zylinders werden durch einen Abwärts-Zähler mit Namen CTD_Y1 erfaßt. Befindet sich der Zylinder in Grundstellung und sind keine Taster betätigt, so liegen zu Beginn der Bearbeitung des Abwärts-Zählers folgende Werte an seinen Ein- und Ausgängen an: der CD- und der LD-Eingang führen 0-Signal, am Eingang PV liegt der Wert 10 an; der aktuelle Zählwert CV ist 0, damit ist die Bedingung CV <= 0 erfüllt und am Ausgang Q liegt 1-Signal an. Der Wert 1 am Ausgang Q kennzeichnet den Abwärts-Zähler als abgelaufen. Gleichzeitig leuchtet die Lampe H1.

Erst durch Drücken des Tasters S2 wird der Vorwahlwert 10 als aktueller Zählwert CV geladen. CV ist nun größer als 0, am Ausgang Q steht daher eine 0 an und die Lampe ist aus. Nun können durch Betätigen des Tasters S1 Zylinderbewegungen ausgelöst werden. Jede Bewegung führt durch die steigende Flanke von B2 zu einem Zählimpuls, der den aktuellen Zählstand jeweils um 1 erniedrigt. Nach 10 vollständigen Zylinderhüben beträgt der aktuelle Zählstand 0, der Zähler ist abgelaufen. Dies wird durch den Wert 1 am Ausgang Q signalisiert.

Nach Laden des Zählers mit dem Startwert 10 können die Zähloperationen wiederholt werden.

14.4 Auf-/Abwärts-Zähler

Der Funktionsbaustein CTUD, Auf-/Abwärts-Zähler, vereinigt einen Aufwärts- und einen Abwärtszähler.

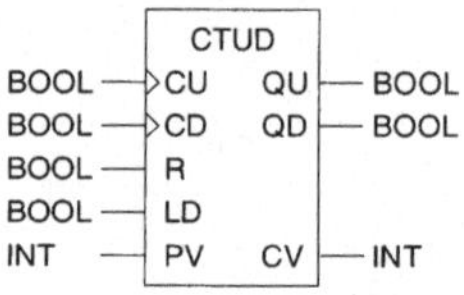

Bild B14.7: Funktionsbaustein CTUD, Auf-/Abwärts-Zähler

Der Wert des Ausgangs QU berechnet sich nach der Gleichung: $CV \geq PV$, der Wert des Ausgangs QD nach der Gleichung $CV \leq 0$.

Es ist zu beachten, daß die Funktion des Abwärts-Zählers erst verwendet werden soll, nachdem der Startwert durch den Befehl LD in den Zähler geladen ist.

Kapitel 15

Ablaufsteuerungen

15.1 Was ist eine Ablaufsteuerung

Ablaufsteuerungen sind Prozesse, die in mehreren, klar voneinander abgegrenzten Schritten ablaufen. Das Weiterschalten von einem Schritt auf den nächstfolgenden hängt von Weiterschaltbedingungen ab. Wesentliches Merkmal ist, daß immer nur ein Schritt aktiv sein kann bzw. mehrere Schritte nur dann, wenn sie explizit als gleichzeitig zu bearbeitende Schritte programmiert wurden.

Gegenüber der Verknüpfungssteuerung ergeben sich damit folgende Vorteile:

- das in Schritte unterteilte Programm ist übersichtlicher und somit leichter wartbar und erweiterbar
- Ablaufsteuerungen sind in einfacher Weise grafisch in Ablaufsprache programmierbar
- die Fehlererkennung bei einer prozeßnah grafisch dargestellten Ablaufsteuerung ist komfortabler und aussagekräftiger als dies bei Verknüpfungssteuerungen möglich ist.

Typische Beispiele für Ablaufsteuerungen sind die Maschinensteuerungen im Bereich Fertigungstechnik oder Rezeptursteuerungen aus der Verfahrenstechnik.

15.2 Funktionsplan nach IEC 848 bzw. DIN 40 719, T.6

Die Notwendigkeit einer Strukturierung ist bei kleinen ablauforientierten Steuerungen nicht unmittelbar gegeben, aber mit zunehmender Komplexität steigt die Forderung nach besseren funktionellen Beschreibungen. Kontaktpläne und Anweisungsliste sind für strukturierte Beschreibung schlecht geeignet. Als Hilfsmittel für eine Top-Down-Analyse und die Darstellung von Abläufen wurden Funktionspläne (oder auch Ablaufpläne) eingeführt. Die Elemente dieses Beschreibungsmittels und ihre Anwendung sind durch die IEC 848 international standardisiert. Die um nationale Festlegungen erweiterte Norm IEC 848 ist in DIN 40 719, T.6, veröffentlicht.

Funktionspläne beschreiben im wesentlichen zwei Aspekte einer Steuerung nach festgelegten Regeln:

- die auszuführenden Aktionen (Befehle)
- den Ablauf der Ausführung

Ein Funktionsplan ist daher in zwei Teile gegliedert (Bild B15.1). Der Ablaufteil zeigt den zeitlichen Ablauf des Prozesses.

Der Ablaufteil beschreibt nicht, welche Aktionen im einzelnen auszuführen sind. Diese sind im Aktionsteil des Funktionsplans enthalten, der für das betrachtete Beispiel aus den Blöcken auf der rechten Seite der Schritte besteht.

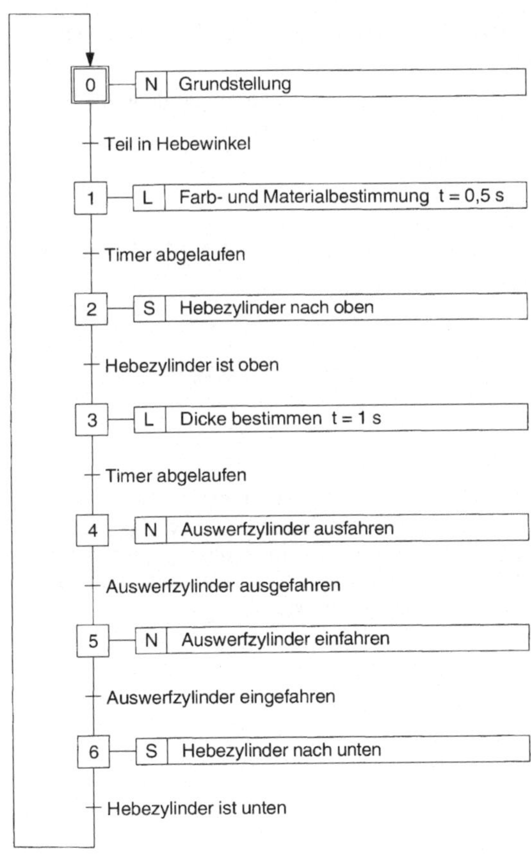

Bild B15.1:
Funktionsplan für
einen Prüfprozeß

Nachfolgend sind die einzelnen Elemente zur Beschreibung eines Funktionsplans kurz erläutert.

Schritte

Die Gliederung des Funktionsplanes erfolgt durch Schritte. Diese werden durch Rechtecke dargestellt und mit der jeweiligen Schrittnummer versehen.

Der Ausgangszustand der Steuerung ist durch den Anfangsschritt gekennzeichnet.

Jedem Schritt sind Aktionen (Befehle) zugeordnet, die die eigentlichen Ausführungsteile der Steuerung enthalten.

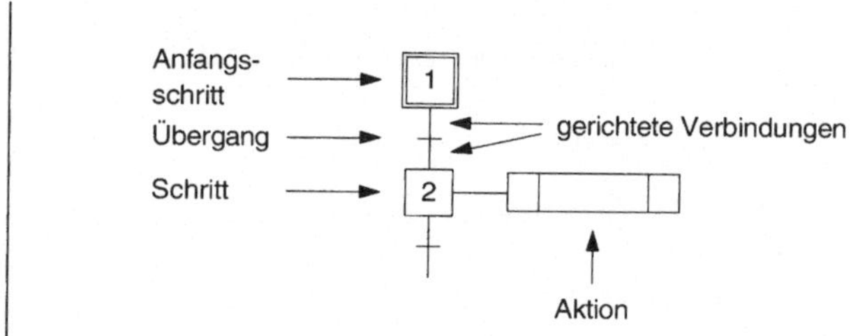

Bild B15.2:
Elemente des
Funktionsplans

Übergänge

Ein Übergang ist die Verbindung von einem Schritt zum nächsten. Die mit dem Übergang verknüpfte logische Übergangsbedingung wird neben die waagerechte Linie quer zum Übergang geschrieben. Ist die Bedingung erfüllt, erfolgt der Übergang auf den nachfolgenden Schritt, der dann durch die Steuerung bearbeitet wird.

Ablaufstrukturen

Durch Kombination der Elemente Schritt und Übergang lassen sich drei Grundformen von Ablaufstrukturen erzeugen:

- linearer Ablauf
- Ablaufverzweigung (Alternative Verzweigung)
- Ablaufaufspaltung (Parallele Verzweigung)

Unabhängig von der Form der Ablaufstruktur müssen sich Schritte und Weiterschaltbedingungen immer abwechseln. Bearbeitet werden Ablaufstrukturen von oben nach unten.

Beim linearen Ablauf gibt es nur einen Übergang nach einem Schritt und einen Schritt nach jedem Übergang. Ein Beispiel eines linearen Ablaufs zeigt Bild B15.1.

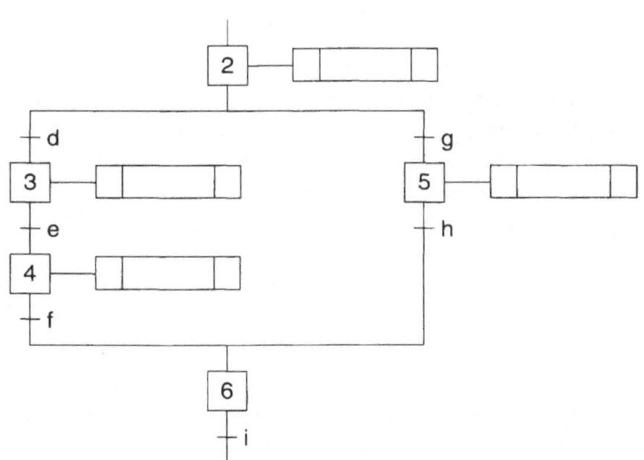

Bild B15.3:
Alternative Verzweigung

Bei der alternativen Verzweigung in Bild B15.3 folgen zwei oder mehrere Übergänge auf einen Schritt. Es wird der Teilablauf aktiviert und bearbeitet, dessen Übergangsbedingung als erste erfüllt ist. Da bei der alternativen Verzweigung genau ein Teilablauf ausgewählt werden kann, müssen sich die Übergangsbedingungen – in Bild B15.3 sind dies d und g – gegenseitig ausschließen.

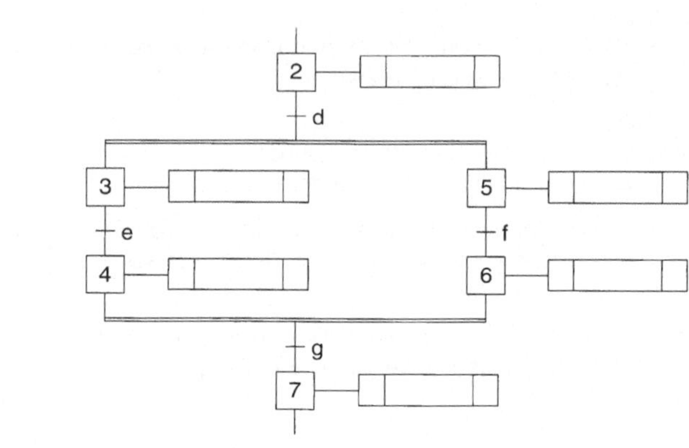

Bild B15.4:
Parallele Verzweigung

Bei der parallelen Verzweigung führt das Erfülltsein einer Übergangsbedingung zur gleichzeitigen Aktivierung von mehreren Teilabläufen. Die Teilabläufe werden gleichzeitig, aber unabhängig voneinander bearbeitet. Die Zusammenführung der Teilketten wird synchronisiert. Erst wenn alle parallelen Teilabläufe ganz bearbeitet sind, darf ein Übergang auf den Schritt unterhalb der Doppellinie – hier im Beispiel auf Schritt 7 – erfolgen.

Aktion

Jeder Schritt enthält Aktionen, die eigentlichen Ausführungsteile der Steuerung. Die Aktion selbst (Bild B15.5) ist in drei Felder unterteilt, wobei Feld a und c nur bei Notwendigkeit dargestellt werden sollen.

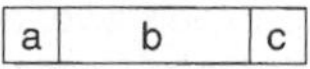

a: Charakterisierung der auszuführenden Aktion

b: Beschreibung der Aktion

c: Hinweis auf alle zum Befehl gehörenden Rückmeldungen

Bild B15.5:
Aktion

Tabelle B15.1 enthält die in DIN 40 719, T.6 bzw. IEC 848 festgelegten Symbole zur Beschreibung der Wirkungsweise von Aktionen.

S	gespeichert
N	nicht gespeichert
D	verzögert
F	Freigabe
L	begrenzt
P	pulsförmig
C	bedingt

Tabelle B15.1:
Wirkungsweise von
Aktionen

Muß eine Aktion umfassender beschrieben werden, so ist eine Buchstabenkombination dieser Symbole in der Reihenfolge der Wirkung zu wählen.

DCSF

Beispiel

nach Verzögerung bedingt gespeicherte Aktion, die nach Speicherung noch einer Freigabebedingung unterworfen ist.

Verfeinerung von Schritten

Jeder Schritt kann wie in Bild B15.6 dargestellt, selbst wieder Ablaufstrukturen enthalten. Diese Möglichkeit unterstützt die schrittweise Verfeinerung einer Lösung im Sinne eines Top-Down-Entwurfes.

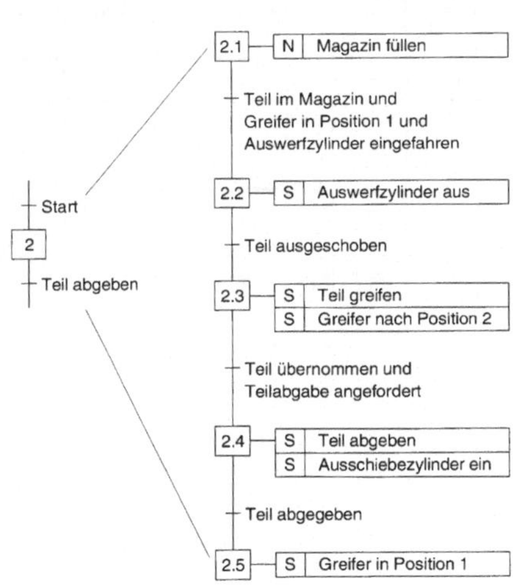

Bild B15.6:
Verfeinerung von Schritten

Das Weg-Schritt-Diagramm stellt eine Ablaufsteuerung grafisch dar. Der Aufbau eines solchen Diagramms ist in VDI 3260 beschrieben.

Die einzelnen Aktoren und Sensoren sind im Diagramm vertikal angeordnet, die einzelnen Schritte der Steuerung horizontal. Eine Funktionslinie zeigt in jedem Schritt den Signalzustand des betreffenden Signalgliedes an. Signallinien verbinden die einzelnen Funktionslinien und geben an, welches Signalglied im Prozeß welche Aktion auslöst. Ein Pfeil gibt die Wirkungsrichtung an. Das Diagramm wird zusätzlich durch Symbole erläutert.

Das Weg-Schritt-Diagramm wird meist vom Konstrukteur einer Maschine bzw. Anlage erstellt. Es ist sinnvoll, bei der Lösung einer Steuerungsaufgabe das Weg-Schritt-Diagramm vor der Programmierung aufzuzeichnen.

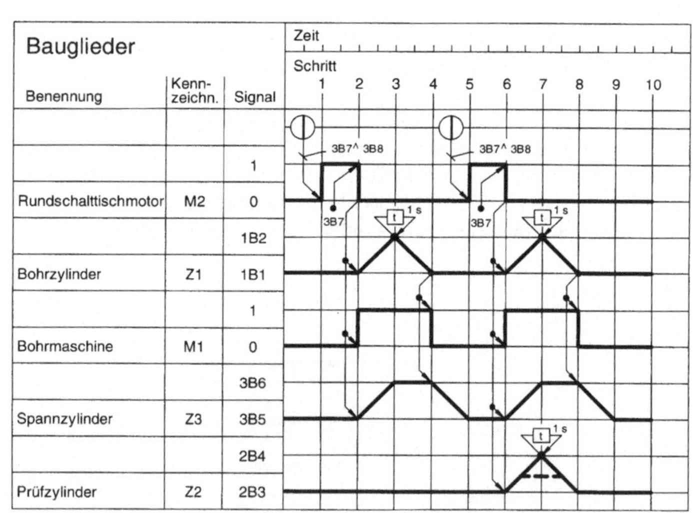

Kapitel 16

Inbetriebnahme und Betriebssicherheit einer SPS

<table>
<tr><td>

16.1 Inbetriebnahme

</td><td>

SPS-Programme sind nie endgültig. Sie bieten immer die Möglichkeit für Korrekturen und spätere Anpassungen an neue Voraussetzungen der Anlage.

Schon bei der Inbetriebnahme sind oft Programmänderungen notwendig. Die Inbetriebnahme einer Anlage läßt sich grundsätzlich in vier Schritte einteilen:

- Kontrolle der Hardware
- Überspielen und Test der Software
- Optimierung der Software
- Inbetriebnahme der Anlagentechnik

</td></tr>
</table>

Kontrolle der Hardware

Jeder Sensor wird an einen bestimmten Eingang, jeder Aktor an einen Ausgang angeschlossen. Dabei dürfen keine Adressen verwechselt werden.

Deshalb ist der erste Schritt immer die Kontrolle der Hardware nach der Belegungsliste. Sind alle Sensoren und Aktoren den richtigen Eingangs- und Ausgangsadressen zugeordnet? Ist ihre Funktion – bei 0- und 1-Signal – eindeutig beschrieben? Dazu muß die Belegungsliste vollständig und korrekt ausgefüllt sein. Das gehört zur Dokumentation vor Inbetriebnahme eines Programms.

Bei der Kontrolle werden die Ausgänge probehalber gesetzt. Die Aktoren müssen dann die vorgeschriebene Funktion erfüllen.

Überspielen und Test der Software

Schon vor der Inbetriebnahme sollten alle Möglichkeiten zum Test des Programms, die Offline vom Programmiersystem angeboten werden, intensiv genutzt werden. Eine solche komfortable Testfunktion ist z.B. die Simulation des Programms.

Danach wird das Programm in die Zentraleinheit der SPS überspielt. Einige wenige SPS bieten nun auch die Möglichkeit der Simulation: Das gesamte Programm läuft, ohne daß die Ein- und Ausgänge zugeschaltet sind. Es kann auch nur die Zuschaltung der Ausgänge fehlen. Die Behandlung der SPS-Ausgänge geschieht dann nur im Prozeßabbild, das Prozeßabbild wird nicht auf die physikalisch vorhandenen Ausgänge durchgeschaltet. Man geht dabei also nicht das Risiko ein, die Maschinen oder Anlagenteile zu beschädigen. Besonders bei gefährlichen oder kritischen Abläufen ist das wichtig.

Anschließend testet man die einzelnen Programmteile und Anlagen-
funktionen: Handbetrieb, Einrichten, einzelne Überwachungsprogramme
usw., schließlich die Zusammenarbeit der Programmteile mit Hilfe des
Gesamtprogramms.

Die Anlage wird also schrittweise in Betrieb genommen. Wichtig für die
Inbetriebnahme und Fehlererkennung sind Testfunktionen des Pro-
grammiersystems wie Einzelschrittbetrieb oder das Setzen von Halte-
punkten. Wichtig dabei ist der Einzelschrittbetrieb. Dabei wird das Programm im Speicher der SPS Zeile für Zeile oder Schritt für Schritt
durchlaufen. Eventuell auftretende Fehler im Programm sind sofort lo-
kalisierbar.

Optimierung der Software
Größere Programme lassen sich nach dem ersten Probelauf fast immer
verbessern. Wichtig ist, daß solche Änderungen und Korrekturen nicht
nur im SPS-Programm durchgeführt, sondern auch in der Dokumentation berücksichtigt werden. Neben der Dokumentation muß auch der
endgültige Softwarestand gesichert werden.

Inbetriebnahme der Anlage
Das geschieht zum Teil schon während der Phase Test und Optimierung. Mit dem endgültigen Stand des SPS-Programms und der Dokumentation müssen nochmals alle Funktionen der Steuerung (nach Aufgabenstellung) Schritt für Schritt durchlaufen werden. Jetzt kann die Ab-
nahme der Anlage durch den Kunden bzw. die zuständige Abteilung
erfolgen.

<table>
<tr><td>16.2 Betriebssicherheit
einer SPS</td><td>

Spannungsversorgung einer SPS
Man muß unterscheiden zwischen **Steuerspannung** (Signale zwischen gesteuerter Maschine und der SPS) und der **Logikspannung** (für die interne Spannungsversorgung der Zentraleinheit).

Die Höhe der Betriebsspannung einer SPS ist in der DIN IEC 1131/ Teil 2 geregelt. Sie beträgt 24 VDC bzw. 48 VDC oder 48 VAC bzw. 230 VAC. Für den amerikanischen Markt sind auch 120 VAC möglich.

Steuerspannung
Mit der Steuerspannung werden die Sensoren und Aktoren versorgt. Der Anwender muß dazu ein Netzteil an die Steuerung anschließen. Die Steuerspannung einer SPS beträgt in der Bundesrepublik Deutschland im allgemeinen 24 V Gleichspannung oder 230 V Wechselspannung. (Meistens wird Gleichspannung verwendet.) In anderen Ländern werden auch andere Spannungen benutzt, z.B. 48 V Gleichspannung oder 120 V Wechselspannung. Wie das Netzteil genau an die Steuerung angeschlossen wird, ist je nach verwendeter SPS verschieden.

Die Steuerspannung läßt eine gewisse Toleranz zu. Gegen zu hohe Spannungen sind die einzelnen SPS-Bausteine im allgemeinen gesichert, je nachdem mit welchem Baustein die Zentraleinheit realisiert ist.

Logikspannung
Zusätzlich benötigt eine SPS eine Spannungsversorgung für die interne Logik: die Logikspannung. Damit werden in der Zentraleinheit die Signale gebildet. Deshalb muß die Logikspannung sehr hohen Ansprüchen genügen, d.h., sie muß sehr genau sein. Man benutzt hier entweder 5 V (TTL-Pegel) oder ca. 10 V (CMOS-Pegel), je nachdem mit welchem Baustein die Zentraleinheit realisiert ist.

Es gibt drei Möglichkeiten der **Spannungsversorgung**:

1. Steuerspannung und Logikspannung werden völlig getrennt aus der Netzspannung erzeugt.

2. Zwei Netzteile für die Erzeugung der beiden Spannungen werden in einem Gehäuse zusammengefaßt.

3. Die Logikspannung wird aus der Steuerspannung (nicht aus der Netzspannung) erzeugt.

</td></tr>
</table>

Entstörung

Jede SPS ist äußerst empfindlich gegen Störungen aus der Spannungsversorgung. Zwei Fälle sind zu unterscheiden:

- Störungen, die aus der Spannungsversorgung über das Netzteil in die Logikspannung gelangen;
- Störungen, die auf den Leitungen zu und von den Sensoren und Aktoren wirken.

1. Störungen in der Logikspannung

Gegen solche Störungen schützen ein Netzentstörfilter und ein Kondensator. Der Netzentstörfilter schützt vor Überspannungen und Störsignalen aus der Spannungsversorgung. Der Kondensator speichert elektrische Energie; damit ist die Spannungsversorgung der Steuerung auch bei kurzen Spannungsausfällen aus dem Netz gesichert.

Falls eine solche Entstörung vom SPS-Hersteller nicht vorgesehen ist, sind Netzentstörfilter und Kondensator vom Anwender nachträglich einzubauen.

2. Störungen auf den Leitungen zu und von den Sensoren und Aktoren

Störimpulse auf elektrischen Leitungen können bewirken, daß an Eingängen der SPS ein 1- oder 0-Signal auftritt, das nicht von einem Sensor gegeben wurde. Das Signal kann durch Einwirkungen von anderen Kabeln entstehen.

Solche Störungen sind gefährlich: Deswegen sind die Eingangsbaugruppen einer SPS in aller Regel durch Vorschalten eines Optokopplers und einer Signalverzögerung gesichert. Der Optokoppler schützt vor Überspannungen bis ca. 5000 V. Die Signalverzögerung hält ungewollte Signale ab, da diese im allgemeinen sehr kurz sind. Die Länge der Zeit variiert je nach SPS zwischen 1 und 20 ms. „Schnelle" Eingangsbaugruppen (ohne Signalverzögerung) müssen z. B. durch abgeschirmte Kabel entstört werden.

Die Ausgangsbaugruppen enthalten ebenfalls einen Optokoppler zum Schutz vor Überspannungen. Außerdem sind die Ausgänge kurzschlußfest, jedoch in der Regel nicht gegen Dauerkurzschluß gesichert.

Gegeninduktionsspannung

Beim Anschluß von induktiven Aktoren (z.B. Schützspulen, Magnetspulen) entsteht an der Spule eine Gegeninduktionsspannung.

Zum Schutz der Ausgangsbaugruppe muß diese Gegeninduktionsspannung gelöscht werden. Dazu verwendet man eine Löschdiode. Die Ausgangsbaugruppen einiger SPS sind mit einer solchen Löschdiode bereits ausgestattet. Die Gegenspannung bleibt in diesem Fall allerdings als Störfaktor auf den Verbindungskabeln bestehen. Deswegen sollte die Schutzmaßnahme direkt am Verursacher, also an der Spule erfolgen: mit einer **Löschdiode** (nur bei Gleichspannung) oder mit einem **Varistor** (spannungsabhängiger Widerstand). Man kann auch zwei gegensinnig gepolte und parallel zur Spule geschaltete **Zenerdioden** verwenden. Bei einer Spannung von über 150 V müssen allerdings mehrere Zenerdioden in Reihe geschaltet werden.

NOT-AUS

Bei Betätigung der NOT-AUS Einrichtung muß ein für Personen und Anlage ungefährlicher Zustand erreicht werden. Es müssen Stellgeräte und Antriebe, durch die gefährliche Zustände entstehen können, sofort ausgeschaltet werden (z.B. Spindelantriebe). Dagegen müssen Stellgeräte und Antriebe, durch deren Ausschalten Personen oder Anlage gefährdet werden können, auch im Notfall weiterarbeiten (z.B. Spannvorrichtungen). Die Möglichkeit, NOT-AUS zu schalten, muß in einer Anlage zu jedem Zeitpunkt gegeben sein.

Deshalb darf eine normale elektronische Steuerung nicht die NOT-AUS-Funktion übernehmen. Der NOT-AUS Kreis muß unabhängig von der SPS in Schütztechnik ausgeführt sein. So schreibt es auch die DIN 57116 vor. Denn: Mit einer beschädigten Steuerung könnte es sonst unmöglich sein, NOT-AUS zu schalten.

Nach Entriegeln der NOT-AUS Einrichtungen dürfen Maschinen nicht selbsttätig wiederanlaufen.

Ein Ausgangstransistor der SPS ist durchgebrannt. Am Ausgang stehen ständig 24 V an (entspricht 1-Signal). Das Magnetventil wird angesteuert; der Zylinder fährt aus, obwohl die Anlage nicht freigegeben ist. Würde der NOT-AUS-Befehl vom SPS-Programm bearbeitet, bliebe er wirkungslos, weil der Fehler erst „hinter" dem Programm liegt. Der NOT-AUS-Befehl muß demnach an der SPS vorbei auf den Zylinder wirken.

Beispiel

Eine Methode ist, die NOT-AUS-Funktion in die Spannungsversorgung der Ausgangsbausteine zu schalten. Der Anschluß muß drahtbruchsicher sein. Wird NOT-AUS gegeben, führen alle Ausgänge das 0-Signal. Ob ein bestimmter Ausgang von der SPS gesetzt oder gelöscht wurde, spielt keine Rolle.

Wenn man nach dieser Methode vorgeht, müssen die angeschlossenen Aktoren bei 0-Signal in eine ungefährliche Position gelangen! Als Aktoren verwendet man dann möglichst:

Hydraulik-/Pneumatik-Ventile:
Es werden 5/4- oder 5/3-Wegeventile mit Sperrmittelstellung benutzt (evtl. mit zusätzlichem Klemmzylinder). Diese Ventile klemmen den Zylinder in Flüssigkeits- bzw. Luftpolster ein. Richtiger Anschluß: Kurze Wege von Zylinder zu Ventil, Drosseln in der Abluft des Ventils.

Elektromotoren:
Man benutzt Bremsmotoren. Bei Spannungsausfall kommt die Bremse durch Federkraft zur vollen Wirkung.

Die Schaltung des NOT-AUS in der **Hardware** erfüllt die eigentliche Sicherheitsfunktion. Zusätzlich muß der NOT-AUS-Befehl im **SPS-Programm** abgelegt sein. Per Programm muß nachvollzogen werden, was hardwaremäßig außerhalb der SPS bewirkt wurde: in diesem Fall das Abschalten der Ausgänge. Das wird in einem Parallelprogramm festgelegt. Nach dem Lösen des NOT-AUS darf die Anlage nicht wieder von allein anlaufen. Zum Starten der Anlage muß ein gesonderter Taster/Schalter betätigt werden.

Der Neustart der Anlage kann mit dem SPS-Programm gesteuert werden. Es gibt zwei Möglichkeiten beim Starten:

- Weiterfahren an der gleichen Stelle;
- Maschine zurückfahren, danach Neustart aus der Grundstellung.

Im zweiten Fall muß man zwischenzeitlich in den Hand- oder Einricht-Betrieb umschalten.

Sind **weitere Sicherheitsmaßnahmen** bei NOT-AUS erforderlich, müssen zusätzlich eigene **Relais-** oder **Pneumatik-Steuerungen** eingesetzt werden. Man kann auch eine spezielle sicherheitsgerichtete SPS einsetzen. Diese arbeitet mit zwei getrennten Zentraleinheiten und jeweils zwei in Reihe geschalteten Ausgangsstufen.

Drahtbruchsicherer Anschluß
Die meisten Maschinen werden mit einem Taster eingeschaltet, mit einem anderen Taster ausgeschaltet. Der **AUS-Taster** übernimmt zusätzlich eine Sicherheitsfunktion: Der Arbeitsvorgang kann jederzeit unterbrochen und die Maschine stillgesetzt werden. Mit NOT-AUS dagegen wird die ganze Anlage abgeschaltet. Im Unterschied zu NOT-AUS wird die AUS-Funktion über die SPS gesteuert.

Zu beachten ist jedoch, daß die AUS-Funktion auch dann erhalten bleiben muß, wenn die Verdrahtung des AUS-Tasters defekt ist. Der Anschluß muß **drahtbruchsicher** sein; d.h., der AUS-Taster ist als **Öffner** anzuschließen und zu programmieren. (Über die Bedeutung des 1- und 0-Signals informiert die Belegungsliste!)

Beispiel   Ein Signalgeber überwacht die Öltemperatur eines Getriebes. Aus Sicherheitsgründen wird dieser Signalgeber drahtbruchsicher angeschlossen: Das 1-Signal signalisiert die richtige Temperatur, das 0-Signal die fehlerhafte Temperatur. Ist nun der Anschluß defekt, so zeigt der Signalgeber ebenfalls das 0-Signal (wenn auch die Ursache in diesem Fall nicht die fehlerhafte Temperatur ist).

Damit ist die Situation ausgeschlossen, daß ein kritischer Zustand in der Anlage vom Signalgeber wegen defekter Verdrahtung nicht mehr gemeldet wird.

Kapitel 17

Kommunikation

17.1 Notwendigkeit der Kommunikation

Unter Kommunikation versteht man den Datentransfer zwischen der Speicherprogrammierbaren Steuerung und anderen datenverarbeitenden Geräten. Dabei dienen diese Geräte für bestimmte Steuerungsaufgaben als Hilfsmittel, z. B. Eingabe von Daten erfolgt über einen Rechner, Ausgabe der Daten über einen Drucker – das Steuern bleibt nach wie vor Aufgabe der SPS.

Mit der Automatisierung steigt die Notwendigkeit der Kommunikation. Es müssen kontinuierlich Daten aus der Produktion heraus an andere Stellen des Betriebes weitergeleitet werden. Dadurch erhält man einen Überblick über den Stand der Produktion und der einzelnen Aufträge (Betriebsdatenerfassung).

Automatische Anlagen sind heute mit umfangreichen Fehler- und Störmeldesystemen ausgerüstet. Störungshinweise und Warnungen müssen automatisch erstellt, gesammelt und an das Bedienpersonal übermittelt werden. Dazu wird an die Steuerung ein Drucker – zur Protokollierung – oder eine elektronische Anzeige angeschlossen.

In anderen Fällen müssen in einem laufenden Prozess Daten mit einem Rechner an die SPS weitergegeben werden. Oder es werden mehrere Steuerungsgeräte zu einem Anlagenverbund zusammengefaßt.

17.2 Datenübertragung

Wie kann nun die SPS mit anderen datenverarbeitenden Geräten kommunizieren? Die einzelnen Bits, die zu einem Datenwort zusammengefaßt werden, müssen von Datenendeinrichtung zu Datenendeinrichtung gesendet werden.

Hierbei wird grundsätzlich zwischen zwei Methoden unterschieden: parallele oder serielle Datenübertragung.

Parallele Datenübertragung bedeutet, daß für jedes einzelne binäre Signal eine eigene Leitung vorhanden sein muß. Beispielsweise wird beim Anschluß von Signalgebern an eine Speicherprogrammierbare Steuerung für jeden Taster, Grenztaster, Grenzwertgeber, Sensor u.ä. ein eigener Draht zu einer Klemmenleiste und von dort zum Eingang der SPS geführt. Alle Informationen (Taster betätigt, Zylinder vorne) können dadurch gleichzeitig (parallel) zur SPS übertragen werden. Da für jeden Signalgeber eine Leitung benötigt wird, werden bei entsprechend komplexen Maschinen bei paralleler Übertragung der Eingangs- und Ausgangssignale insgesamt kilometerlange Leitungsbündel verlegt.

Um ein Datenwort parallel zu übertragen, müssen also genügend Leitungen vorhanden sein, um alle Bits dieses Datenworts gleichzeitig zu übertragen.

Bei **serieller** Datenübertragung wird immer nur ein binäres Signal übertragen. Um beim Beispiel der SPS zu bleiben: Werden mehrere Bausteine einer SPS miteinander verbunden, dann wird nicht für jeden Ein- oder Ausgang eine einzelne Leitung verlegt, sondern die Informationen über den Zustand der Ein- oder Ausgänge werden nacheinander (seriell) übertragen.

Zur seriellen Übertragung von Datenworten wird unabhängig von der Anzahl der Bits demnach nur noch eine Datenleitung benötigt, um die binären Signale nacheinander zu übertragen. Um nun die verschiedenen Signale als zusammengehörendes Datenwort darstellen zu können, müssen Übertragungsgeschwindigkeit, Wortlänge und besondere Anfangs- und Endezeichen vereinbart werden.

Verschiedene Codierungsverfahren, Übertragungs- und Betriebsarten sowie unterschiedliche Methoden der Datensicherung machen es erforderlich, daß in Normen elektrische, funktionale und mechanische Eigenschaften der Schnittstellen festgelegt werden.

17.3 Schnittstellen

	Spannungsschnittstellen		Strom-schnittstelle
Bezeichnung	V.24	Centronics	20 mA
Übertragungs-art	seriell asynchron	parallel	seriell asynchron
Betriebsart	vollduplex	simplex	vollduplex
Norm	V.24 RS-232-C	Centronics TTL	TTY
Übertragungs-entfernung, -geschwindigkeit	bis 30 m 20 000 Bit/s	bis 2 m 10^6 Bit/s	bis 1000 m 20 000 Bit/s
Logikpegel Datenleitung	15 V ≥ '0' ≥ 3V -3 V ≥ '1' ≥ -15 V	'1' ≥ 2,4 V '0' ≥ -0,8 V	'1' = Strom aus '0' = Strom an

Tabelle B17.1: Schnittstellen

Eine parallele Schnittstelle bezeichnet man auch als Centronics-Schnittstelle. Zur Datenübertragung stehen 8 Datenleitungen zur Verfügung, es können also 8 Bit gleichzeitig übertragen werden. Die Centronics-Schnittstelle wird – über geringe Entfernungen – sehr häufig zur Ansteuerung von Druckern eingesetzt.

Die am häufigsten eingesetzte Schnittstelle zur seriellen Datenübertragung ist die V.24-Schnittstelle.

Centronics- und V.24-Schnittstelle sind beide Spannungsschnittstellen. Die Bits werden durch einen bestimmten Spannungspegel für '0' oder '1' dargestellt. Zur Erzeugung dieses Signalpegels muß für die V.24-Schnittstelle eine gemeinsame Masseleitung mitgeführt werden. Bei der Centronics-Schnittstelle gehört zu jeder Datenleitung eine eigene Masseleitung.

Für beide Schnittstellen sind außer den Daten- und Masseleitungen weitere Leitungen zur Datenflußkontrolle definiert.

Wesentlich einfacher als über eine V.24-Schnittstelle ist eine Verbindung über eine serielle 20 mA-Schnittstelle aufgebaut. Diese Stromschnittstelle benötigt lediglich eine Sende- und Empfangsschleife zur Übertragung der Daten. Ein konstanter Strom von 20 mA signalisiert den '0'-Pegel, "Strom aus" signalisiert den '1'-Pegel auf der Datenleitung. Wegen der Störsicherheit ist diese Schnittstelle in der Steuerungstechnik weit verbreitet.

17.4 Kommunikation im Feldbereich

Innerhalb automatisierter Anlagen und Maschinen sind eine Vielzahl von Informationen zu transportieren. Einfache binäre Sensorsignale, analoge Signale von Meßwertgebern oder Proportionalventilen, aber auch Datensätze und Parameter zur Steuerung der Prozesse müssen zwischen den steuerungstechnischen Komponenten einer automatisierten Anlage zuverlässig ausgetauscht werden.

Der Datenaustausch muß hierbei innerhalb vorgegebener Reaktionszeiten erfolgen, da sonst Anlagenteile unkontrolliert weiterlaufen könnten.

Als Feldbus bezeichnet man ein serielles, digitales Übertragungssystem für diese Signale und Daten. Alle Teilnehmer am Feldbus müssen in der Lage sein, die Kommunikation mit anderen Busteilnehmern aufzunehmen und Daten nach dem vereinbarten Protokoll auszutauschen. Ein Busteilnehmer, der die Initiative zum Datenaustausch ergreift, wird Master genannt. Busteilnehmer, die Daten nur auf Anweisung des Masters entgegennehmen oder liefern, werden Slaves genannt.

Zur Übertragung der Daten in den Bussystemen werden Zweidrahtleitungen mit verdrillten Leitungspaaren oder Koaxialkabel eingesetzt. Der Verdrahtungsaufwand für busgekoppelte Systeme ist daher gering.

Auf dem Markt existieren eine Vielzahl unterschiedlicher Bussysteme, die sich im wesentlichen in 2 Gruppen unterteilen lassen: geschlossene und offene Bussysteme.

Unter **geschlossenen Systemen** versteht man solche, die

- herstellerspezifisch sind,
- keine Offenlegung des Übertragungsprotokolls haben und
- untereinander nicht kompatibel sind und damit keine Anschaltung von Geräten unterschiedlicher Hersteller erlauben bzw. deren Anpassung mit hohem Aufwand verbunden ist.

Geschlossene Bussysteme sind z.B. SINEC L1 von Siemens, SUCOnet K von Klöckner-Moeller, Data Highway von Allen Bradley, Festo-Feldbus, Modnet von AEG/MODICON.

Offene Systeme haben demgegenüber

- standardisierte Schnittstellen und Protokolle,
- offengelegte, einsehbare Protokolle und
- eine Vielzahl von Geräten unterschiedlicher Hersteller kann an den Bus angeschlossen werden.

Offene Bussysteme sind z.B. Profibus, Interbus-S, CAN, SINEC L2, ASI.

Die Vorteile der Vernetzung mit offenen Bussystemen liegen in den folgenden Punkten:

- Dezentralisierung der Steuerungsfunktion
- Koordinaton räumlich getrennter Prozesse
- Realisierung von Steuerungs- und Produktionsdatenfluß
  parallel zum Materialfluß
- Vereinfachung der Installation und
  Reduzierung der Kabelkosten (Zweidrahtbus)
- Vereinfachung der Inbetriebnahme eines Systems
  (hohe Transparenz, vorgetestete Teilsysteme)
- Reduzierung der Servicekosten
  (zentrale Anlagendiagnose)
- Verwendung von Geräten unterschiedlicher Hersteller
  im gleichen Netz
- Prozeßdatenübermittlung bis hin zur Planungsebene

Anhang

Bildnachweis

Bild B1.2: Beispiel einer SPS: AEG Modicon A120
AEG Schneider Automation GmbH,
Steinheimer Straße 117, 63500 Seligenstadt

Bild B1.4: Kompakt-SPS (Mitsubishi FX0),
modulare SPS (Siemens S7-300) und Karten SPS
(Festo FPC 405)
Mitsubishi Electric Europe GmbH
Gothaer Straße 8, 40880 Ratingen

Bild B1.4: Kompakt-SPS (Mitsubishi FX0),
modulare SPS (Siemens S7-300) und Karten SPS
(Festo FPC 405)
Siemens AG
AUT 111, Postfach 4848, 90475 Nürnberg

AEG Fachbuch   Arbeitsbuch SPS - Programmierung
Band 1: Applikationen
Hüthig-Verlag GmbH, Heidelberg, 1988

Arbeitsbuch SPS - Programmierung
Band 1: Applikationen
Hüthig-Verlag GmbH, Heidelberg, 1988

Andratschke,   Der sichere Einstieg in Speicherprogrammierbare
Wolfgang   Steuerungen
Franzis-Verlag GmbH, München, 1987

Steuern und Regeln mit SPS -
Grundlagen und Anwendung
Franzis Verlag GmbH, München, 1990

Auer, A.   Speicherprogrammierbare Steuerungen
Aufbau und Programmierung
Hüthig-Verlag GmbH, Heidelberg, 3. Auflage, 1990

Speicherprogrammierbare Regelung
Hüthig Verlag,GmbH, Heidelberg, 1990

Berger, Hans   Automatisieren mit SIMATIC S5
Siemens-Verlag, Erlangen, Berlin und München,
1989

Automatisieren mit SIMATIC S-135U
Siemens-Verlag, Erlangen, Berlin und München,
1988

Bocksnik, Bernd   Grundlagen der Steuerungstechnik
Festo Didactic KG, Esslingen, 1987

Frei, Friedrich   Speicherprogrammierbare Steuerungen
Hüthig-Verlag GmbH, Heidelberg, 3. Auflage, 1990

Grötsch, Eberhardt   SPS
Vom Relaisersatz bis zum CIM-Verbund
R. Oldenbourg-Verlag, München und Wien,
2. Auflage, 1991

Kaftan, Jürgen   SPS-Grundkurs
Vogel-Buchverlag, Würzburg, 1989

Kostka, Winfried — Wörterbuch der Steuerungstechnik
Deutsch-Englisch/English-German
Festo Didactic KG, Esslingen, 1988

Lexikon der Steuerungstechnik
Festo Didactic KG, Esslingen, 1988

Nist, G. (Lektorat) — Steuern und Regeln im Maschinenbau
Bibliothek des Technikers.
Verlag Europa Lehrmittel, 4. Auflage, Wuppertal, 1987

Petry, Jochen — SPS Projektierung und Programmierung
Hüthig-Verlag GmbH, Heidelberg, 2. Auflage, 1990

Plagemann, Bernhard: — Methoden der Programmierung von SPS
Vogel-Buchverlag, Würzburg, 1989

Starke, Lothar: — SPS-Lehre
Frankfurter Fachverlag und Vogel-Buchverlag,
Frankfurt und Würzburg, 1988

Wellenreuther, Günther — Steuerungstechnik mit SPS
Friedrich Vieweg-Verlag,
Braunschweig und Wiesbaden, 1993

Wratil, Peter — Speicherprogrammierbare Steuerungen
in der Automatisierungstechnik
Vogel-Buchverlag, Würzburg, 1989

DIN VDE 0100	Bestimmungen für das Errichten von Starkstrom- anlagen bei Nennspannungen bis 1000 V	**Richtlinien und Normen**
DIN VDE 0113/ EN 60204	Elektrische Ausrüstung von Industriemaschinen; Allgemeine Festlegungen	
DIN VDE 0160	Ausrüstung von Starkstromanlagen mit elektronischen Betriebsmitteln	
VDI/VDE 2180	Sicherung von Anlagen der Verfahrenstechnik mit Mitteln der Meß-, Steuerungs- und Regelungstechnik; Blatt 1: Einführung, Begriffe, Erklärungen Blatt 5: Bauliche und installationstechnische Maßnahmen zur Funktionssicherung von Meß-, Steuerungs- und Regeleinrichtungen in Ausnahme- zuständen	
VDI 2880	Speicherprogrammierbare Steuerungsgeräte; Blatt 1: Definitionen und Kenndaten Blatt 2: Prozeß- und Datenschnittstellen Blatt 3: Programmier- und Testeinrichtungen Blatt 4: Programmiersprachen Blatt 5: Sicherheitstechnische Grundsätze	
VDI 3260	Funktionsdiagramm von Arbeitsmaschinen und Fertigungsanlagen	
VDI/VDE 3683	Beschreibung von Steuerungsaufgaben; Regeln für die Erstellung eines Pflichtenheftes	
DIN 19226	Messen, Steuern, Regeln; Regelungstechnik und Steuerungstechnik; Teil 5: Funktionelle und gerätetechnische Begriffe	
DIN 19 235	Messen, Steuern, Regeln; Meldung von Betriebszuständen	
DIN 19 239	Messen, Steuern, Regeln; Speicherprogrammierte Steuerungen, Programmierung	
DIN 19 240	Messen, Steuern, Regeln; Peripherie-Schnittstellen elektronischer Steuerun- gen; Stromversorgung und binäre Schnittstellen	

DIN 40 719	Schaltungsunterlagen; Teil 6: Regeln für Funktionspläne, IEC 848 modifiziert Teil 60: Ausführung von Funktionsplänen für Messen, Steuern, Regeln
DIN 40 900	Graphische Symbole für Schaltunterlagen; Teil 7: Schaltzeichen für Schalt- und Schutzeinrichtungen Teil 12: Binäre Elemente
DIN 44 300	Informationsverarbeitung; Begriffe
DIN 44 302	Informationsverarbeitung; Datenübertragung, Datenübermittlung, Begriffe
DIN 66 000	Informationsverarbeitung; Mathematische Zeichen und Symbole der Schaltalgebra
DIN 66 001	Informationsverarbeitung; Sinnbilder und ihre Anwendung
DIN 66 003	Informationsverarbeitung; 7-Bit Code (ASCII)
DIN 66 020	Informationsverarbeitung; Funktionelle Anforderung an die Schnittstellen zwischen DEE und DÜE in Datennetzen
DIN 66 022	Informationsverarbeitung; Darstellung des 7-Bit Code bei Datenübertragung
DIN 66 261	Sinnbilder für Struktogramme nach Nassi-Schneidermann

IEC 1131/   Speicherprogrammierbare Steuerungen;
DIN EN 61131   Teil 1: Allgemeine Informationen
                 Teil 2: Funktionelle Eigenschaften
                 Teil 3: Programmiersprachen
                 Teil 4: Anforderungen an die Ausrüstung
                 Teil 5: Prüfungen

DIN IEC 113   Schaltungsunterlagen;
                 Teil 7: Anwendung von Schaltzeichen für binäre
                 Elemente in Stromlaufplänen

Stichwortverzeichnis

A Ablaufsprache B-59
     Beispiel: Programm Bohren B-143
  Ablaufsteuerungen B-180
  Abwärts-Zähler B-176
  Adreßleitung B-34
  Adressierung
     symbolische B-66
  Akkumulator B-36
  Aktion B-133
  Aktionsattribute B-137
  Aktionsblöcke B-133
  alternative Verzweigung B-126
  Anschluß
     drahtbruchsicherer B-194
  Anweisungen B-102
  Anweisungsliste B-58
  Anwendungsprogrammspeicher B-40
     EEPROM B-41
     EPROM B-41
     RAM B-40
  AS
     Siehe Ablaufsprache
  Auf-/Abwärts-Zähler B-178
  Aufwärts-Zähler B-172
  Ausdruck B-108
  Ausgangsbaugruppe B-6, B-44
     zulässige Leistung B-45
  Ausschaltverzögerung B-167
     Zeitdiagramm der B-167
  Auswahlanweisungen B-112
     CASE- B-114
     IF- B-112
  AWL
     Siehe Anweisungsliste

B BCD-Code B-14
  Befehl B-36
  Befehlsregister B-36
  Betriebsmittel einer SPS B-62
     Bezeichnungen B-62

Betriebssicherheit einer SPS B-190
Boolesche Algebra B-29
    Regeln. B-29
Boolesche Gleichung B-20
Bussysteme. B-198

CASE-Anweisung . . . . B-114   **C**

Darstellung von Daten . . . . B-66   **D**
    numerische Daten B-67
    Zeichenketten. B-68
    Zeitdaten. B-67
Datenleitung B-34
Datentypen B-63, B-69
Datenübertragung. B-196
    parallele B-196
    serielle. B-197
Diagnosewerkzeug B-47
Dokumentation B-53
drahtbruchsicherer Anschluß B-194
Dualzahlen. B-15

EEPROM. . . . . B-41   **E**
Eingangsbaugruppe B-6, B-42
Eingangssignalverzögerung B-43
Einschaltverzögerung B-165
    Zeitdiagramm B-165
Entstörung. B-191
    von Eingangssignalen B-43
EPROM B-41
EXIT-Anweisung B-118

FBS   **F**
    Siehe Funktionsbausteinsprache
Feldbus B-198
Firmware B-34
Flanken B-157
Flankenauswertung. B-157
FOR-Schleife. B-115

F Funktionen B-76
    anwenderdefinierte B-85
    Standard- B-79
Funktionen, logische
    Vereinfachung B-28
Funktionsbaustein
    F_TRIG B-158
    R_TRIG B-158
    RS B-155
    SR B-154
Funktionsbausteine B-82
    anwenderdefinierte B-87
    Standard- B-85
Funktionsbausteinsprache B-57
    Elemente der B-92
Funktionsplan B-180
Funktionstabelle B-20

G Gegeninduktionsspannung B-192
Grundfunktionen, logische B-20
    NICHT-Funktion B-20
    ODER-Funktion B-23
    UND-Funktion B-21
    weitere Verknüpfungen B-24

H Hardware B-34

I IF-Anweisung B-112
Impulszeitgeber B-163
    Zeitdiagramm B-163
Inbetriebnahme B-188
Initialisierung B-75

K Karnaugh-Veitch-Diagramm B-30
Kommunikation B-196
    im Feldbereich B-198
Kontaktplan B-57
    Elemente des B-96
KOP
    Siehe Kontaktplan
Kurzschlußschutz B-45

L

Leistungsverstärkung B-45
Logikspannung B-190
Logische Grundfunktionen
   Siehe Grundfunktionen, logische

M

Marke. B-102
Mikrocomputer. B-34
Multitasking B-5

N

Netzwerk B-92
von-Neumann-Prinzip B-37
Normalform
   disjunktive. B-28
   konjunktive B-28
Normen
   IEC 1131. . . . . B-8
NOT-AUS B-192

O

Operand. B-102
Operator B-102
   Tabelle der B-103
Optokoppler. B-42

P

parallele Datenübertragung B-196
parallele Verzweigung. B-129
Personalcomputer B-46
Phasenmodell
   Siehe SPS-Software Erstellung
Priorität B-104, B-109
Programm-Organisationseinheiten. B-76
Programme B-88
Programmiergerät B-46
Programmiersprachen. B-56
Programmzähler B-37
Prozeßabbild B-39

R

RAM. B-40
Realzahlen. B-15
Rechenwerk. B-36
Relais. B-45
REPEAT-Schleife B-116

S Schaltfunktionen
    Vereinfachung von B-26
Schnittstellen B-197
Schritt B-120, B-122
serielle Datenübertragung B-197
Signal
    binäres B-16
    digitales B-17
    Erzeugung binärer und digitaler B-16
    Spannungsbereich von B-16
Signalerkennung B-42
Software B-34
Spannungsanpassung B-42, B-44
Spannungsversorgung B-190
SPS
    Einsatzgebiete der B-2
    Grundaufbau B-5
SPS-Programm
    zyklische Bearbeitung B-39
    Zykluszeit B-39
SPS-Software Erstellung B-50
ST
    Siehe Strukturierter Text
Steuerleitung B-34
Steuerspannung B-190
Steuerwerk B-37
Strompfad B-96
Strukturierter Text B-58
Strukturierungsmittel B-53
    auf Konfigurationsebene B-54
    auf Programmebene B-54
Symbolische Adressierung B-66

T Transition B-120, B-124
Transitionsbedingung B-130

U Überlastschutz B-45

V

Variablen ... B-65
  Direkt adressierte ... B-65
Variablendeklaration ... B-71
Verknüpfungssteuerungen ... B-148
Verzögerung
  Ausschalt- ... B-167
  Einschalt- ... B-165
Verzweigung
  alternative ... B-126
  parallele ... B-129

W

Weg-Schritt-Diagramm ... B-186
Wertetabelle
  Siehe Funktionstabelle
WHILE-Schleife ... B-117
Wiederholungsanweisungen ... B-115
  FOR-Schleife ... B-115
  REPEAT-Schleife ... B-116
  WHILE-Schleife ... B-117

Z

Zahlensystem
  binäres ... B-12
  dezimales ... B-12
  hexadezimales ... B-14
Zähler
  Abwärts- ... B-176
  Auf-/Abwärts- ... B-178
  Aufwärts- ... B-172
Zählfunktionen ... B-172
Zeitgeber ... B-162
Zentraleinheit ... B-6, B-36
  Befehlsablauf ... B-37
Zuweisungen ... B-111

Springer und Umwelt

Als internationaler wissenschaftlicher Verlag sind wir uns unserer besonderen Verpflichtung der Umwelt gegenüber bewußt und beziehen umweltorientierte Grundsätze in Unternehmensentscheidungen mit ein. Von unseren Geschäftspartnern (Druckereien, Papierfabriken, Verpackungsherstellern usw.) verlangen wir, daß sie sowohl beim Herstellungsprozess selbst als auch beim Einsatz der zur Verwendung kommenden Materialien ökologische Gesichtspunkte berücksichtigen.

Das für dieses Buch verwendete Papier ist aus chlorfrei bzw. chlorarm hergestelltem Zellstoff gefertigt und im pH-Wert neutral.

Springer